精细化工专业实验

赵俭波 吕喜风 张 园 主编

化学工业出版社

·北京·

内 容 简 介

《精细化工专业实验》共六章，包括：精细化工实验基础知识、常用仪器及使用方法、精细化工实验项目、创新性实验、综合性实验、虚拟仿真实验。其中精细化工实验项目系统介绍了表面活性剂、香料、日用化学品、胶黏剂与涂料、食品添加剂、农药、颜料与染料的制备。

《精细化工专业实验》可作为高等院校化工及其相关专业学生的实验教材，也可供从事精细化工产品开发研究及精细化学品相关工作的工程技术人员参考。

图书在版编目（CIP）数据

精细化工专业实验/赵俭波，吕喜风，张园主编．—北京：
化学工业出版社，2021.3（2023.1重印）
ISBN 978-7-122-38370-9

Ⅰ.①精…　Ⅱ.①赵…②吕…③张…　Ⅲ.①精细化工-化
学实验-高等学校-教材　Ⅳ.①TQ062-33

中国版本图书馆 CIP 数据核字（2021）第 017602 号

责任编辑：任睿婷　徐雅妮　　　　　　　　装帧设计：关　飞
责任校对：宋　玮

出版发行：化学工业出版社（北京市东城区青年湖南街13号　邮政编码100011）
印　　装：天津盛通数码科技有限公司
787mm×1092mm　1/16　印张9　字数203千字　2023年1月北京第1版第3次印刷

购书咨询：010-64518888　　售后服务：010-64518899
网　　址：http://www.cip.com.cn
凡购买本书，如有缺损质量问题，本社销售中心负责调换。

定　　价：29.80元

前　言

　　精细化工是与经济建设和人民生活密切相关的重要工业部门，也是当前化学工业发展的战略重点之一。精细化工产品种类繁多，涉猎广泛，既包括以分子水平合成、提纯为主，结合少量的复配增效技术得到的有特定功能的化学品，如农药、食品添加剂、香料等，又包括以配方技术为主要生产手段且配方技术决定最终使用功能的化学品，如胶黏剂、涂料、化妆品、洗涤剂等。

　　本书在塔里木大学自编讲义《精细化工实验》基础上，结合多年实践教学经验编写而成。本书结合了精细化工发展的重点及新疆丰富的地域资源，并考虑了本专业部分教师的科研方向，以合成或制备性实验为主，兼顾测试性实验，以用途为导向，与产品相联系，突出了系统性、广泛性、趣味性。所选取的实验除了经典的精细化工实验之外，还包括以新疆丰富的资源为原料制备的各类精细化工产品，在创新性和综合性实验中选用部分教师的科研成果，突出了适用性和先进性。希望能在有限的篇幅内，对重要的及有地方特色的精细化工产品的性质、用途、制备方法及评价标准做全面、深入的介绍。

　　全书主要分为三个部分，即精细化工实验基础知识、常用仪器及使用方法和 45 个精细化工实验。实验既覆盖了传统精细化工的主要门类，还包括 5 个虚拟仿真实验，内容广泛，教学时可根据各学校的专业特点选取合适的实验内容。本书可作为高等院校化学化工相关专业课程的实验教材，也可供从事精细化工行业的专业技术人员参考。

　　本书由塔里木大学赵俭波、吕喜风、张园主编，塔里木大学杨玲、白红进、姜建辉、李治龙、秦少伟等多名教师参与了教材的审核，并提出了许多宝贵的意见。除此之外，塔里木大学化学化工系多名教师也给予了帮助，在此，对编写过程中给予热心帮助和支持的教师表示衷心的感谢。本书部分实验内容参考了相关文献，在此向原作者表示深深的感谢，参考文献均列于书后。

　　限于编者水平，书中不足与疏漏之处在所难免，恳请专家和读者批评指正。

编者

2020 年 12 月

目　录

第一章　精细化工实验基础知识 ·· 1

第一节　精细化工的定义、特点与分类 ································ 1
第二节　精细化工研究方法 ·· 2
第三节　精细化工分析与检测 ·· 3

第二章　常用仪器及使用方法 ·· 5

第一节　NDJ-8S 型旋转式黏度计及使用方法 ···················· 5
第二节　2151 罗氏泡沫仪及使用方法 ································ 10
第三节　阿贝折光仪及使用方法 ·· 11
第四节　723 型分光光度计及使用方法 ······························ 13
第五节　旋转蒸发仪及使用方法 ·· 14
第六节　PHS-3C 酸度计及使用方法 ·································· 16
第七节　BZY-202 自动张力测定仪及使用方法 ···················· 19
第八节　显微熔点测定仪及使用方法 ·································· 21

第三章　精细化工实验项目 ·· 24

第一节　表面活性剂 ·· 24
实验1　十二烷基硫酸钠的制备与起泡性的测定 ············ 25
实验2　十二烷基苯磺酸钠的制备 ····························· 27
实验3　脂肪醇聚氧乙烯醚硫酸钠的制备 ·················· 31
实验4　十二烷基二甲基苄基氯化铵的制备与临界胶束浓度的测定 ······· 32
实验5　十二烷基二甲基甜菜碱的制备 ······················ 35

第二节　香料 ·· 36
实验6　香豆素的合成及表征 ································· 37
实验7　β-萘甲醚的制备 ······································· 39
实验8　植物性天然香料小茴香精油的提取 ·············· 41
实验9　薰衣草精油的提取 ···································· 43
实验10　玫瑰花精油的提取 ·································· 45

第三节　日用化学品 ·· 47

　　　实验 11　雪花膏的配制 ·· 48

　　　实验 12　液体洗发水的配制 ·· 50

　　　实验 13　餐具洗涤剂的配制及脱脂力的测定 ················ 53

　　　实验 14　通用液体洗衣剂的配制 ·································· 56

　　　实验 15　洗衣膏的制备 ·· 59

　第四节　胶黏剂与涂料 ·· 61

　　　实验 16　水溶性酚醛树脂胶黏剂的制备 ······················ 61

　　　实验 17　环氧树脂胶黏剂的配制及环氧值的测定 ········· 63

　　　实验 18　聚醋酸乙烯酯乳胶涂料的制备 ······················ 67

　　　实验 19　聚丙烯酸酯乳液涂料的制备与配制 ··············· 70

　第五节　食品添加剂 ··· 73

　　　实验 20　食品防腐剂山梨酸钾的制备 ·························· 74

　　　实验 21　食品防腐剂苯甲酸钠的制备 ·························· 76

　　　实验 22　辣椒红色素的分离提取 ································· 78

　　　实验 23　番茄红素的提取 ··· 80

　　　实验 24　葡萄籽中原花青素的提取 ····························· 83

　第六节　农药 ·· 85

　　　实验 25　有机磷杀虫剂对硫磷的合成 ·························· 85

　　　实验 26　植物生长调节剂对氯苯氧乙酸的合成 ············ 87

　　　实验 27　新疆特色杀虫活性植物提取物杀虫活性测定 ··· 89

　第七节　颜料与染料 ··· 91

　　　实验 28　活性艳红 X-3B 的制备 ································· 92

　　　实验 29　阳离子翠蓝 GB 的制备 ······························· 95

　　　实验 30　直接冻黄 G 的制备 ······································ 97

　　　实验 31　海娜色素的提取工艺研究 ····························· 99

　　　实验 32　核桃青皮色素的提取 ·································· 101

第四章　创新性实验 ·· **104**

　　　实验 33　Cu、Ni 共掺杂纳米氧化锌的制备及光催化性测定 ··· 104

　　　实验 34　聚氨基酸水凝胶的制备及吸水保水性的测定 ··· 105

　　　实验 35　新疆废弃棉秆制备生物质吸附剂及对 Cr^{6+} 的吸附研究 ··· 109

　　　实验 36　新疆植物用于染料敏化太阳能电池 ··············· 111

第五章　综合性实验 ·· **114**

　　　实验 37　固体酒精的制备及性能测试 ························· 114

　　　实验 38　葡萄酒泥的综合利用 ·································· 115

　　　实验 39　褐煤中腐殖酸含量测定及磺化腐殖酸钠的制备 ··· 118

　　　实验 40　油脂酸值、碘值、皂化值的测定 ················· 120

第六章　虚拟仿真实验 ·· 124

实验 41　双黄连颗粒制备 ··· 124
实验 42　重氮化和偶合反应 ······································· 127
实验 43　固体酸催化剂的制备、表征及其在酯合成中的应用 ··· 132
实验 44　蒸馏法提取薄荷中挥发油 ······························· 133
实验 45　磁性石墨烯高效处理阳离子染料废水 ··················· 134

参考文献 ·· 137

第一章
精细化工实验基础知识

第一节 精细化工的定义、特点与分类

精细化工是生产精细化学品的工业，是化学工业的一个组成部分。经过多种单元反应合成并通过剂型或商品化加工生产的批量小、质量高、附加值高的产品，称为精细化学品（fine chemicals），也称为精细化工产品。

精细化学品具有明显的特点，主要表现在以下几个方面：第一，产品的使用功能及应用对象具有专一性；第二，产品剂型繁多，产量小；第三，精细化学品的生产多采用数种化学合成反应相串联组合的反应设备，实施间歇式的生产过程，而较少采用石油化工生产中连续式的生产装置；第四，精细化学品生产工艺繁杂，工艺流程长，技术密集度高；第五，产品具有突出的商品性及高的附加价值。

精细化学品类型多，涉及的范围广，为便于研究、开发以及实际应用，可以从不同角度实施分类。1986 年，化学工业部（现为中国石油和化学工业联合会）按功能将精细化学品划分为 11 大类，包括：农药、染料、涂料（包括油漆和油墨）、颜料、试剂与高纯物、信息化学品（感光、磁性材料等）、食品与饲料添加剂、黏合剂、催化剂和各种助剂、化学药品和日用化学品、功能高分子材料（包括功能膜、偏光材料）等。从生产角度可将精细化学品划分为以下两大类：一类以分子水平合成、提纯为主，结合少量的复配增效技术得到有特定功能的化学品，如农药、染料、颜料、食品和饲料添加剂、催化剂和各种助剂、化学药品和日用化学品、功能高分子材料等；另一类以配方技术为主要生产手段，得到配方技术决定最终使用功能的化学品，如涂料、洗涤剂、化妆品、香料、黏合剂等。

第二节　精细化工研究方法

精细化学品的研究开发与通用化学品不同。精细化学品的技术开发通常是为了解决用户的实际需求，针对用户对产品性能的新要求而开发的新系列、新一代或新领域的产品。为此，通常须完成以下研究内容。

一、　合成和筛选具有特定功能的目标化合物

研究之初，应切实了解产品的技术要求和产品在应用过程中所经受的物理和化学条件，在掌握该类化合物的基本知识的基础上查阅相关文献，然后运用化学理论设计并合成出一系列目标化合物，再通过性能或有关性质的检测从中筛选出相对理想的产物。在实践中往往不能通过一轮筛选达到理想目的，这时就需要对已发现的构效规律进行较深入的研究，最后筛选出目标产物。

二、　配方研究

合成单一化合物通常不能满足用户所需的各种性能，大多数精细化学品是以多种成分复配而成，配方按明确的目标而设计，如为了发挥主要活性成分的作用，同时赋予产物其他功能或抑制其不良的性能，以及为了调节产物的性状和物理性质以方便使用等目的而选用适当的配方原料。但是，即使选料正确，各原料的用量配比和配制工艺条件都会对产品的性能产生很大的影响，因此，配方研究需做大量的工作，以期获得满意的结果。

三、　产品性能的检测

精细化学品的研制往往以产品应用效果来衡量。精细化学品中允许存在的杂质含量也是以它对产品性能影响的大小而定的。因此，研制新型精细化学品时，产物的优劣以它的应用效果来评定。例如，开发新型的食品防腐剂时，产品应做抗菌试验、防腐保鲜试验，上述试验取得满意结果，所研制的产品对食品的色、香、味无不良影响，且应用条件实际可行，通过毒性试验，才能认为所研制的产品在性能上达到可开发的水平。

四、　应用技术研究

精细化学品要以适当的技术操作应用在合适的对象上，才能充分发挥它的功能，否则可能效果较差，甚至毫无效果。例如，胶黏剂的胶接强度与被粘材料的种类、表面处

理情况、胶层厚度、固化温度和时间、环境湿度、施工压力等因素有关，在最佳操作条件下才能得到满意的胶接强度。因此，开发精细化学品应结合应用技术的研究，才能最终将产品变成商品。

五、工艺路线的选择和优化

研制的产品具备满意的性能之后，还要使其成本和售价达到厂家和用户可以接受的程度。因此要对合成路线和工艺条件进行优化研究，其研究方法与一般化学品的技术开发基本相同。

在精细化学品的合成过程中，正确掌握与应用基本实验操作技术具有重要的意义。产品合成的成功与否、反应进行的顺利程度、产物的分离鉴定等均与实验方法的选择、采用的实验装置以及实验技术有直接的关系。

精细化工实验技术主要包括大学基础化学实验中的有机合成常用实验技术基本操作及一般的仪器和装置，包括加热、搅拌、过滤、重结晶、简单蒸馏、精馏、水蒸气蒸馏、分馏、萃取、柱色谱、纸色谱及薄层色谱等实验操作。

第三节 精细化工分析与检测

众所周知，在精细化学品制备过程中，在广泛应用经典化学分析方法控制原料纯度的基础上，普遍应用了物理化学分析方法及仪器分析方法，如纸色谱分析、薄层色谱分析。它们的特点是简单易行，在实验室中是行之有效的分析、检测手段，不仅可有效地检验化学反应进行的程度、控制反应终点，而且可用于鉴定产物与已知结构化合物的同一性、异构体或杂质是否存在。也可用于制备少量纯样品，如通过薄层色谱方法分离含有多组分的试样，获得其中所需的某一组分，洗脱、蒸干，制备纯样品。当然，应用气相色谱（GC）、高效液相色谱（HPLC）等可更有效地指示反应进行的状态、终点的到达、副产物的生成以及最终产品的纯度等。

此外，某些精细化工产品，如分散染料、有机颜料的产品结晶特性，采用 X 射线粉末衍射分析法，不仅可以测定有关产品的晶型（晶相），产物的结晶度，数种混合晶型中各自的相对含量、晶胞尺寸，还可以检测产品中含有的杂质成分等。

对于某些具有特殊应用的精细化学品应有相应的特殊性能，如作为热敏显色化合物的增感剂，应使其熔点降低；而作为树脂的着色剂则应具有优异的耐热稳定性能。某些热分析方法，如热重分析（TGA）、示差热分析（DTA、DSC）等，已应用于检测化合物的晶相变化温度、熔点、热分解温度，以及受热时不同温度下热重量损失百分率等，以评价有机化合物分子结构与热稳定性能。作为着色用的有色化合物、有机染料、颜料是精细化工的一大类产品，广泛应用于纤维材料的印染、涂装及塑料着色。为定量地描述被着色物体表面的颜色特性（如色调、纯度、饱和度、光亮度以及彼此之间的颜色差异），可以采用相应的颜色测量技术。颜色的测量以及计算机配色技术可以提供许多信息，对于评定精细化学品本身以及深加工的最终产品质量具有重要的实验意义。

精细化学品研究开发的全过程始终涉及化合物结构分析与测定。尤其是精细化学品具有高度的技术密集度与技术保密性，产品的化学结构往往在相当长的一段时间内不予公开发表。为尽快地了解产品的组成或结构，并以此作为开发新产品的借鉴，对未知产品的结构与组成的分析鉴定就显得十分重要。未知结构的鉴定可以采用经典化学分析法，包括外观属性的检测、分离提纯制备纯样品、元素分析、熔点测定、裂解组分的分析、推知可能的结构及合成结果的验证等。近年来在经典的化学分析方法的基础上，人们应用色谱分离技术进行快速的元素定量分析，应用质谱分析准确地测定化合物分子量，应用红外光谱技术鉴定化学键类型与官能团，应用核磁共振谱鉴定分子中不同类型的氢原子及相对数量等，从而不仅可以在短时间内鉴定未知化合物的结构，又可提高分析结果的精确度。

第二章
常用仪器及使用方法

第一节　NDJ-8S 型旋转式黏度计及使用方法

一、主要技术指标

　　NDJ-8S 型旋转式黏度计采用先进的机械设计技术、制造工艺与微计算机控制技术相结合，具有测量灵敏度高，测试结果可靠，使用操作方便等特点，是用来测量牛顿型液体的绝对黏度和非牛顿型液体的表观黏度的仪器，可广泛应用于油脂、塑料、药物、饰品、涂料、洗涤剂等各种物质黏度的测量。其主要技术指标见表 2-1。

表 2-1　NDJ-8S 型旋转式黏度计主要技术指标

项目	技术指标
测量范围	$10 \sim 2 \times 10^6\,\mathrm{mPa \cdot s}$
转子规格	1、2、3、4 号转子（选配 0 号转子可测黏度至 0.1mPa·s）
转子转速	0.3r/min、0.6r/min、1.5r/min、3r/min、6r/min、12r/min、30r/min、60r/min
自动挡	能自动选择合适的转速或提示转子规格
读数稳定光标	竖条方块光标满格时显示读数基本稳定
测量精度	±2%（牛顿型液体）
供电电源	交流 198～242V，45～55Hz
工作环境	温度 5～35℃，相对湿度不大于 80%

二、仪器原理

　　本仪器为数显黏度计，由电机经变速带动转子做恒速旋转。当转子在液体中旋转时，液体会产生作用在转子上的黏性力矩。液体的黏度越大，该黏性力矩也越大；反之，液体的黏度越小，该黏性力矩也越小。作用在转子上的黏性力矩由传感器检测出来，经计算机处理后得出被测液体的黏度。

采用微计算机技术，能方便地设定量程（转子规格及转速），对传感器检测到的数据进行数字处理，并且在显示屏上清晰地显示出测量时设定的转子规格、转速、被测液体的黏度值及其满量程百分比值等内容。

配有 4 个转子（1、2、3、4 号）和 8 挡转速（0.3r/min、0.6r/min、1.5r/min、3r/min、6r/min、12r/min、30r/min、60r/min），由此组成 32 种组合，可以测量出测定范围内的各种液体的黏度。

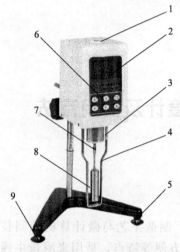

图 2-1　NDJ-8S 型旋转式黏度计

1—水准泡；2—液体显示屏；

3—外罩；4—转子保护架；

5—主机底座；6—操作键盘；

7—转子连接头；8—转子；

9—主机底座水平调节旋钮

三、仪器结构与安装

1. 仪器的结构

仪器的结构如图 2-1 所示。

2. 仪器的安装

① 检查供电电源，应满足本仪器工作的要求。按国家有关规定，其接地端应有可靠的接地线。

② 仪器应安装在无腐蚀性气体、无强电磁干扰、无振动的工作台上。

③ 将带齿立柱插入主机底座的圆孔中，立柱上的齿形面面向底座的正前方，用扳手拧紧立柱固定螺母，以防立柱转动（如图 2-2 所示）。

④ 旋动升降手轮，上下移动。若发现升降手轮转动时有过紧或过松的情况，可调节升降松紧调节螺钉。升降以略紧为宜，防止黏度计机头因自重坠落。再将黏度计机头手柄插入机头固定圆孔中，使机头基本保持水平，用机头固定手轮夹紧。

⑤ 旋松取下黏度计机头下方的黄色保护帽（如图 2-3 所示）。

⑥ 调整主机底座的三个水平调节螺钉，使黏度计机头上的水泡处于中心位置。

四、仪器的使用和操作

① 准备被测液体，将被测液体置于直径不小于 70mm、高度不低于 125mm 的烧杯或直筒形容器中。

② 准确地控制被测液体的温度。

③ 仔细调整仪器的水平，检查仪器的水准器气泡是否居中，保证仪器处于水平的工作状态（装上保护架）。

④ 参照量程表，选择适配的转子旋入转子连接头（向右旋装上，向左旋卸下）。

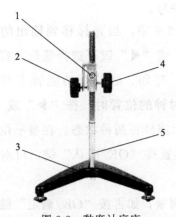

图 2-2　黏度计底座

1—升降松紧调节螺钉；2—机头固定手轮；
3—立柱固定螺母；4—升降手轮；5—立柱

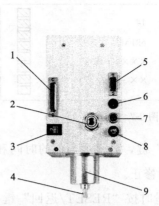

图 2-3　黏度计背面布置

1—打印机接口；2—机头手柄安装孔；3—电源开关；
4—黄色保护帽；5—计算机接口；6—电源线；
7—温度传感器探头接口；8—保险丝座；9—保护架安装孔

⑤ 缓慢调节升降旋钮，调整转子在被测液体中的高度，直至转子的液体标志（凹槽中部）与液面相平。

键盘操作及显示界面说明如下。

① 仪器键盘如图 2-4 所示。

② 打开仪器背面的电源开关，进入等待状态，仪器采用中英文显示，显示屏如图 2-5 所示。

按 "▲" 或 "▼" 键选择所需语言模式，按 "OK/确定" 键进入，显示见图 2-6。光标停在 "1＃" 处，按 "◀" 或 "▶" 键选择所需转子号，转子号有 5 种，即 1#、2#、3#、4# 及 0# 转子。

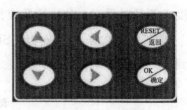

图 2-4　黏度计键盘

```
WELCOME

中文  ENGLISH
```

图 2-5　显示屏

转子	1#
转速	0.3转/分
输出	通信
时钟	显示

图 2-6　屏幕显示（一）

③ 按 "▶" 或 "◀" 键可切换到转速位置，光标停在图 2-6 的 "0.3 转/分" 的位置上。按 "▶" 或 "◀" 键可设定所需的转速。NDJ-8S 转速分为 9 挡，分别为 0.3r/min、0.6r/min、1.5r/min、3r/min、6r/min、12r/min、30r/min、60r/min，也可选择自动挡。当选择好转子和转速挡位后，按 "OK/确定" 键，转子开始旋转，仪器开始进行测量，屏幕显示如图 2-7 所示。

图 2-7 中转速的单位是 RPM，黏度的单位是 mPa·s；最右边的竖条显示为采样的进程；百分比指的是所测黏度为该挡位满量程的百分数。

④ 如不知合适的转子和转速可选择自动挡，在确定转子后，按 "OK/确定" 键，仪器就会自动开始测量，逐步搜索到合适的转速。最后显示出测量的结果或自动显示所

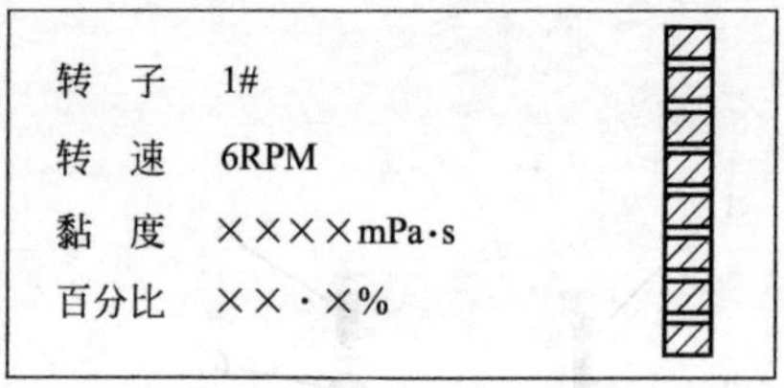

```
转子    1#
转速    6RPM
黏度    ×××× mPa·s
百分比   ××·×%
```

图 2-7　屏幕显示（二）

需调换的转子号。

⑤ 在图 2-6 中，当光标移到输出的位置时，按"▶"或"◀"键可选择通信或打印两种状态（注：打印、通信两功能暂未开通）；当光标移到时钟的位置时，按"▶"或"◀"键可选择显示或修正两种状态，在显示位置按"OK/确定"键，可显示当前的时间和日期；在修正位置按"OK/确认"键，可对时间和日期进行修正。

⑥ 测量时按"RESET/返回"键，仪器将会停止测量；如再按"OK/确定"键，仪器将按上次设定的转子号和转速进行测量。

⑦ 在测量前，首先估计被测液体的黏度范围，然后根据表 2-2 选择合适的转子和转速。当估计不出被测液体的大致黏度时，应视为较高黏度，由小到大选择转子（转子号由高到低）和由慢到快选择转速。原则上高黏度的液体选用小转子（转子号大），慢转速；低黏度的液体选用大转子（转子号小），快转速。

⑧ 仪器具有超标报警功能，若测量值大于 100%，测量值显示为 over。为保证测量精度，测量时量程百分比读数应控制在 10%～90% 之间为佳。

⑨ 在任何状态下，按"RESET/返回"键，程序将从初始状态开始运行，操作界面回到用户选择的工作状态。

表 2-2　NDJ-8S 黏度计量程表　　　　　　　　　　　　　　　　单位：mPa·s

转子 ＼ 转速/(r/min)	60	30	12	6	3	1.5	0.6	0.3
0#	10	20	50	100	—	—	—
1#	100	200	500	1000	2000	4000	10000	20000
2#	500	1000	2500	5000	10000	20000	50000	100000
3#	2000	4000	10000	20000	40000	80000	200000	400000
4#	10000	20000	50000	100000	200000	400000	1000000	2000000

注：0# 转子为选配。

操作方法一

如选择 2# 转子，12r/min，开机后，屏幕显示：

```
WELCOME
中文  ENGLISH
```

选择中文时，光标停在中文处。按"OK/确定"键，屏幕显示：

```
转子    1#
转速    6转/分
输出    打印
时钟    修改
```

让光标停在 1# 处时按"▶"键，即显示 2# 转子，再按"▼"键，让光标移到转速 6r/min，再按"▶"键，显示 12r/min，再按"OK/确定"键，仪器开始进行测量。当右边竖条方块显示光标由下向上升至满刻度时，屏幕显示的黏度值即为测量值。

操作方法二

如不知道合适的转子和转速时，可选择自动挡。假设选用 4# 转子，按"OK/确定"键，转速选择自动挡（操作方法同"操作方法一"），然后按"OK/确定"键，仪器会自动搜索到合适的转速。最后显示出测量结果或显示所需调换的转子号。如显示 3# 转子，那么要换上 3# 转子，再按"OK/确定"键仪器开始测量，最后显示出被测液体的黏度。

五、 注意事项

① 本仪器在使用前严格调校检验，开机后即可正常工作，操作者在操作前应认真仔细地阅读仪器说明书，严格按要求操作。

② 仪器电源必须在指定的电压和频率范围内，否则会影响测量精度。

③ 装卸转子时应小心操作，要将仪器下部的连接头轻轻地向上托起后进行拆装。

④ 不要用力过大，避免转子横向受力，以免转子弯曲。连接头和转子连接端面及螺纹处应保持清洁，否则将影响转子的正确连接及转动时的稳定性。

⑤ 装上转子后不得在无液体的状况下"旋转"，以免损坏轴尖和轴承。

⑥ 每次使用完毕应及时清洗转子，要拆卸下转子进行清洗，严禁在仪器上进行转子的清洗，转子清洁后要妥善安放在存放箱中。

⑦ 仪器搬动和运输时应托起转子连接头，旋上黄色保护帽。仪器通电工作前必须把黄色保护帽旋下，以防止损坏仪器。

⑧ 不得随意拆卸和调整仪器的零部件，不要自行加注润滑油。

⑨ 悬浊液、乳浊液、高聚物及其他液体中很多是非牛顿型液体，其表观黏度随切变速度、时间变化而变化，故在不同的转子、转速和时间下测定，其结果不一致属正常情况，并非仪器不准（一般非牛顿型液体的测定应规定转子、转速和时间）。

做到下列各点能测得较精确的黏度：

① 精确地控制被测液体的温度。

② 将转子浸于被测液体足够长的时间同时进行恒温，使其和被测液体温度一致。

③ 保证液体的均匀性。

④ 测量时尽可能将转子置于容器中心。

⑤ 防止转子浸入液体时有气泡附于转子下面。

⑥ 使用保护架进行测定。

⑦ 保证转子的清洁。

⑧ 严格按照操作说明进行操作。

⑨ 低于 15mPa·s 的液体选用 0# 转子。

第二节　2151 罗氏泡沫仪及使用方法

一、 2151 罗氏泡沫仪原理及仪器参数

表面活性剂的起泡能力和泡沫稳定性是泡沫最主要的性能，泡沫稳定性的测量方法有很多，在生产及实验室中比较方便而又准确地测量泡沫性能的方法是倾注法。2151 罗氏泡沫仪（Ross-Miles 法）就是采用倾注法表征肥皂、合成洗衣粉、洗衣皂粉、洗发水、洗洁精、洗手液等洗涤剂的泡沫性能的仪器。溶液自一定高度垂直向下降落，在刻度管中产生泡沫，测量泡沫高度，得到其性能数值。图 2-8 即为 2151 罗氏泡沫仪。

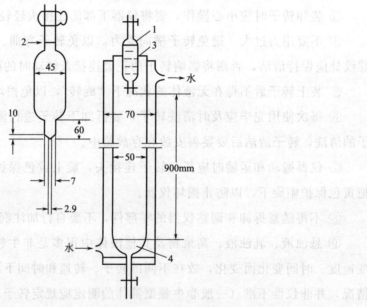

图 2-8　2151 罗氏泡沫仪

1—泡沫滴液管；2—刻度管；3—试液（200mL）；4—试液（50mL）

其仪器参数见表 2-3。

表 2-3　2151 罗氏泡沫仪仪器参数

项目	仪器参数
材质	B40 玻璃
滴液管容量/mL	250
滴液管全长/mm	300
刻度管内径/mm	50
刻度管全长/mm	1100

二、 操作步骤

① 打开恒温器，当恒温器达到一定温度时，使管夹套水浴的温度稳定在 40.0℃ ±0.5℃。

② 用蒸馏水冲洗刻度管内壁，冲洗必须完全，然后用试液冲洗管壁，亦必须冲洗完全。

③ 关闭刻度管活塞，用另外的滴液管注入 50mL 试液至 50mL 刻度处，将此试液预先加热至 40℃。

④ 将滴液管注满 200mL 试液，此试液预先加热至 40℃。

⑤ 将滴液管安置到事先预备好的管架上，与刻度管的断面呈垂直状，使溶液流到刻度管的中心，滴液管的出口应安置在 900mm 刻度线上。

⑥ 打开滴液管的活塞，使溶液流下。当滴液管中的溶液流完时，立即按动秒表，并测定泡沫高度，然后经过 5min、10min、15min 再记录高度，泡沫数值以泡沫高度表示。

⑦ 重复以上操作 2~3 次，每次操作之前必须将器壁洗净，防止影响后续测定。

三、 注意事项

① 此项仪器必须垂直，否则液面不平而使读数不准。

② 试液在放入滴液管前应预热到 41.5℃左右，注入以后正式操作时的温度宜为 40.0℃±0.5℃，温度过高过低，对测定的数据影响很大。

③ 有些溶液的泡沫活动很不稳定，数分钟后泡沫表面破裂，成为高低不平的表面，此时高度读数只能取估计的平均数字。

第三节　阿贝折光仪及使用方法

一、 阿贝折光仪原理

单色光从一种介质进入另一种介质时即发生折射现象，在定温下入射角 i 的正弦和折射角 r 的正弦之比等于它在两种介质中传播速度 v_1、v_2 之比，即

$$\frac{\sin i}{\sin r} = \frac{v_1}{v_2} = n_{1,2} \tag{2-1}$$

$n_{1,2}$ 称为折射率，对给定的温度和介质为一常数。当 $n_{1,2} > 1$ 时，从上式可知角 i 必须大于角 r，这时光线由第一种介质进入第二种介质时折向法线，如图 2-9 所示。在一定温度下折射率 $n_{1,2}$ 对于给定的两种介质而言为一常数，故当入射角 i 增大时，折射角

r 必相应增大，当 i 达到极大值 $\pi/2$ 时，所得的折射角 r_c 称为临界折射角。显然，从图中法线左边入射的光线折射入第二种介质内时，折射线都应落在临界折射角 r_c 之内。这时若在 M 处置一目镜，则见镜上出现半明半暗。从上式还能看出，当固定一种介质时，临界折射角 r_c 的大小和折射率有简单的函数关系。

图 2-10 即为阿贝折光仪。

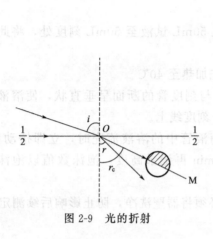

图 2-9　光的折射

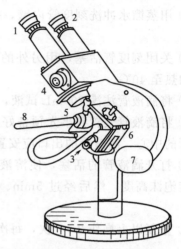

图 2-10　阿贝折光仪

1—目镜；2—放大镜；3—恒温水接头；

4—消色补偿器；5,6—棱镜；

7—反射镜；8—温度计

二、　操作方法

测定折射率的样品，应以分析样品的标准来要求，被测液体的沸点范围要窄。其具体操作如下所述。

① 将阿贝折光仪与恒温水浴连接，调节所需的温度，同时检查保温套的温度计是否精确。一切就绪后，打开直角棱镜，用丝绢或擦镜纸蘸少量乙醇、乙醚或丙酮轻轻擦洗上下镜面，不可来回擦，只可单向擦。待晾干后方可使用。

② 阿贝折光仪的量程为 1.3000～1.7000，精密度为 ±0.0001，温度应控制在 ±0.1℃ 的范围内。恒温至所需要的温度后，将 2～3 滴待测样品均匀地置于磨砂面棱镜上，滴加样品时应注意切勿使滴管尖端直接接触镜面，以防造成刻痕。关紧棱镜，调好反光镜使光线射入。

③ 先轻轻转动左面刻度盘，并在右面镜筒内找到明暗分界线。若出现彩色带，则调节消色散镜，使明暗界线清晰。再转动左面刻度盘，使分界线对准交叉线中心，记录读数与温度，重复1～2次。

④ 测完后，应立即擦洗上下镜面，晾干后再关闭。在测定样品之前，应对阿贝折光仪进行校正。通常先测纯水的折射率，将两次所得纯水的平均折射率与其标准值比较。校正值一般很小，若数值太大，整个仪器应重新校正。

若需测量在不同温度时的折射率，将温度计旋入温度计座中，接上恒温器的通水管，把恒温器的温度调节到所需测量温度，接通循环水，待温度稳定 10min 后即可测量。如果温度不是标准温度，可根据式（2-2）计算标准温度下的折射率：

$$n_D^{20} = n_D^t - \alpha(t-20) \tag{2-2}$$

式中，t 为测定时的温度；α 为校正系数；D 为钠光灯 D 线波长（5893Å）。

第四节　723型分光光度计及使用方法

一、723型分光光度计的结构及工作原理

723 型分光光度计是在可见光谱区范围（360～800nm）内，进行定量分析常用的仪器之一。分光光度法以物质对光的选择性吸收为根据，以朗伯-比尔定律为基础来进行定量测定。

723 型分光光度计由光源、单色器、吸收池和检测系统四大部分组成，全部装成一体，其结构如图 2-11 所示。

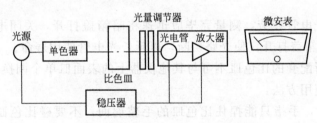

图 2-11　723 型分光光度计结构示意图

二、操作方法

1. 预热仪器

将选择开关置于"T"，打开电源开关，使仪器预热 20min。

2. 选定波长

根据实验要求，转动波长手轮，调至所需要的单色波长。

3. 固定灵敏度挡

在能使空白溶液很好地调到"100％"的情况下，尽可能采用灵敏度较低的挡，使用时，首先调到"1"挡，灵敏度不够时再逐渐升高。但换挡改变灵敏度后，须重新校正"0％"和"100％"。选好灵敏度后，实验过程中不要再变动。

4. 调节 $T=0\%$

轻轻旋动"0％"旋钮，使数字显示为".000"（此时试样室是打开的）。

5. 调节 $T=100\%$

将盛蒸馏水（或空白溶液、纯溶剂）的比色皿放入比色皿座架中的第一格内，并对

准光路,把试样室盖子轻轻盖上,调节透过率"100％"旋钮,使数字显示正好为"100.0"。

6. 吸光度的测定

将选择开关置于"A",盖上试样室盖子,将空白溶液置于光路中,调节吸光度调节旋钮,使数字显示为".000"。将盛有待测溶液的比色皿放入比色皿座架中的其他格内,盖上试样室盖,轻轻拉动试样架拉手,使待测溶液进入光路,此时数字显示值即为该待测溶液的吸光度值。读数后,打开试样室盖,切断光路。重复上述测定操作1~2次,读取相应的吸光度值,取平均值。

7. 浓度的测定

选择开关由"A"旋至"C",将已标定浓度的样品放入光路,调节浓度旋钮,使得数字显示为标定值,将被测样品放入光路,此时数字显示值即为该待测溶液的浓度值。

8. 关机

实验完毕,切断电源,将比色皿取出洗净,并将比色皿座架用软纸擦净。

三、 注意事项

① 为了防止光电管疲劳,测量完毕应迅速将暗箱盖打开,关闭电源开关,不测定时必须将比色皿暗箱盖打开,使光路切断,以延长光电管使用寿命。

② 每台仪器所配套的比色皿不可与其他仪器上的表面皿单个调换。

③ 比色皿的使用方法:

a. 拿比色皿时,手指只能捏住比色皿的毛玻璃面,不要碰比色皿的透光面,以免沾污。b. 清洗比色皿时,一般先用水冲洗,再用蒸馏水洗净。如比色皿被有机物沾污,可用盐酸-乙醇混合洗涤液(1:2)浸泡片刻,再用水冲洗。不能用碱溶液或氧化性强的洗涤液洗比色皿,以免损坏。也不能用毛刷清洗比色皿,以免损伤其透光面。每次做完实验时,应立即洗净比色皿。c. 比色皿外壁的水用擦镜纸或细软的吸水纸吸干,以保护透光面。d. 测定有色溶液吸光度时,一定要用有色溶液洗比色皿内壁几次,以免改变有色溶液的浓度。另外,在测定一系列溶液的吸光度时,通常都按由稀到浓的顺序测定,以减小测量误差。e. 在实际分析工作中,通常根据溶液浓度的不同,选用液槽厚度不同的比色皿,使溶液的吸光度值控制在0.2~0.7。

第五节 旋转蒸发仪及使用方法

一、 旋转蒸发仪的结构

旋转蒸发仪(rotary evaporator)主要用于在减压条件下连续蒸馏大量易挥发性溶

剂，尤其对萃取液的浓缩和色谱分离时的接收液的蒸馏，可以分离和纯化反应产物。旋转蒸发仪如图 2-12 所示。蒸发瓶为一个带有标准磨口接口的梨形或圆底烧瓶，通过一高度回流蛇形冷凝管与减压泵相连，回流冷凝管另一开口与带有磨口的接收烧瓶相连，用于接收被蒸发的有机溶剂。在回流冷凝管与减压泵之间有一个三通活塞，当体系与大气相通时，可以将蒸发瓶、接收烧瓶取下，转移溶剂；当体系与减压泵相通时，则体系处于减压状态。使用时，应先减压，再开动电动机转动蒸发瓶。结束时，应先停机，再通大气，以防蒸发瓶在转动中脱落。作为蒸馏的热源，常配有相应的恒温水槽。

图 2-12　旋转蒸发仪

二、 工作原理

旋转蒸发仪的基本原理就是减压蒸馏，也就是在减压的情况下，当溶剂蒸馏时，蒸发瓶在连续转动。通过电子控制，使其在最适合速度下恒速旋转以增大蒸发面积。通过减压泵使蒸发瓶处于负压状态。蒸发瓶在旋转同时置于水浴锅中恒温加热，瓶内溶液在负压下在旋转烧瓶内被加热进行扩散蒸发。旋转蒸发仪可以密封减压至 400～600mmHg（1mmHg＝133.322Pa）。用加热浴加热蒸发瓶中的溶剂，加热温度可接近该溶剂的沸点。蒸馏烧瓶旋转速度为 50～160r/min，使溶剂形成薄膜，增大蒸发面积。此外，在高效冷却器作用下，可将热蒸气迅速液化，加快蒸发速率。

三、 主要部件

① 旋转电机。通过电机的旋转带动盛有样品的蒸发瓶。

② 蒸发管。蒸发管有两个作用，首先起到样品旋转支撑轴的作用；其次通过蒸发管，利用真空系统将样品吸出。

③ 真空系统。用来降低旋转蒸发仪系统的气压。

④ 流体加热锅。通常情况下都是用水加热样品。

⑤ 冷凝管。使用蛇形冷凝管冷凝或者冷凝剂如干冰、丙酮冷凝样品。

⑥ 冷凝样品收集瓶。样品冷却后进入收集瓶。

机械或电机机械装置用于快速提升加热锅中的蒸发瓶。旋转蒸发仪的真空系统可以是简单的浸入冷水浴中的水吸气泵，也可以是带冷却管的机械真空泵。蒸发和冷凝玻璃组件可以很简单也可以很复杂，这要取决于蒸馏的目标，以及要蒸馏的溶剂的特性。

四、 操作方法

① 高低调节：手动升降，转动机柱上面手轮，顺转为上升，逆转为下降；电动升降，手触上升键主机上升，手触下降键主机下降。

② 冷凝器上有两个外接头是接冷却水用的，一头接进水，另一头接出水，一般接自来水，冷凝水温度越低效果越好。上端口装抽真空接头，是接真空泵皮管抽真空用的。

③ 开机前先将调速旋钮左旋到最小，按下电源开关指示灯亮，然后慢慢往右旋至所需要的转速。一般大蒸发瓶用中、低速，黏度大的溶液用较低转速。蒸发瓶是标准接口 24 号，随机附 500mL、1000mL 两种烧瓶，溶液量一般不超过 50% 适宜。

④ 使用时，应先减压，再开动电机转动蒸发瓶，结束时，应先停电机，再通大气，以防蒸发瓶在转动中脱落。

五、 注意事项

① 玻璃零件拆装应轻拿轻放，装前应洗干净，擦干或烘干。

② 各磨口、密封面、密封圈及接头安装前都需要涂一层真空脂。

③ 加热槽通电前必须加水，不允许无水干烧。

④ 如真空抽不上来需检查：

a. 各接头、接口是否密封；b. 密封圈、密封面是否有效；c. 主轴与密封圈之间真空脂是否涂好；d. 真空泵及其橡皮管是否漏气；e. 玻璃件是否有裂缝、碎裂、损坏的现象。

第六节　PHS-3C 酸度计及使用方法

一、 仪器原理

酸度计测 pH 值的方法是电势测定法。将测量电极（玻璃电极）与参比电极（甘汞电极）一起浸在被测溶液中，组成一个原电池。甘汞电极的电极电势与溶液 pH 值无关，在一定温度下是定值。而玻璃电极的电极电势随溶液 pH 值的变化而改变。所以它们组成的电池电动势也随溶液的 pH 值变化。

设电池的电极电动势为 E，在 25℃ 时

$$E_{甘汞} - E_{玻璃} = k + 0.059\text{pH} \tag{2-3}$$

在一定条件下，k 为常数；当温度不为 25℃ 时，甘汞电极的电极电势 $E_{甘汞}$ 与温度 t（℃）的关系

$$E_{甘汞} = 0.2415 - 0.0007 \times (t - 25) \qquad (2-4)$$

此关系式说明，当电极材料与温度一定时，E 与被测液的 pH 值成直线关系。

酸度计的主体是一个精密电位计，用来测量上述原电池的电动势，并直接用 pH 刻度表示出来，因而从酸度计上可以直接读出溶液的 pH 值。

玻璃电极的主要部分是头部的球泡，它由厚度约为 0.2mm 的敏感玻璃薄膜组成，对氢离子有敏感作用。当它浸入被测溶液时，被测溶液的氢离子与电极球泡外表面水化层进行离子交换、迁移，当达到平衡时产生了相界面电势。同理，球泡内表面也会产生相界面电势。这样在玻璃膜的内外表面上会出现电势差。由于内水化层氢离子浓度不变，而外水化层氢离子浓度随被测液的氢离子浓度的变化而改变，因此玻璃膜两侧的电势差的大小取决于膜外层溶液的氢离子浓度。

玻璃电极具有以下优点：①可用于测量有色的、浑浊的或胶态的溶液的 pH 值；②测定时，pH 值不受氧化剂或还原剂的影响；③测量时不破坏溶液本身，测量后溶液仍能使用。它的缺点是头部球泡非常薄，容易破损。

二、 PHS-3C 酸度计各调节旋钮的作用

PHS-3C 酸度计面板如图 2-13 所示，各调节旋钮的基本作用如下。

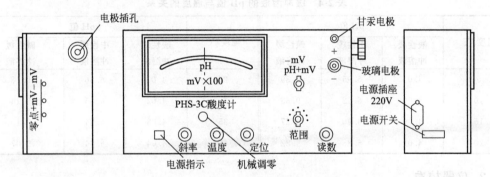

图 2-13 PHS-3C 酸度计面板示意图

①"温度"调节旋钮是用于补偿溶液温度对测量结果产生的影响。因此在进行溶液 pH 校正时，必须将此旋钮调至该溶液温度值上。在进行电极电势值测量时，此旋钮无作用。

②"斜率"调节旋钮用于补偿电极转换系数。由于实际的电极系统并不能达到理论转换系数（100%）。因此，设置此调节旋钮便于用二点校正法对电极系统进行 pH 校正，使仪器能更精确地测量溶液的 pH 值。

③ 由于当玻璃电极（本仪器零电势时 pH=7，因此仅适用零电位 pH 值为 7 的玻璃电极）和甘汞电极浸入 pH=7 的缓冲溶液中时，其电势不能达到理论上的 0mV，而有一定值，该电势差称为不对称电势。这个值的大小取决于玻璃电极膜材料的性质，内外参比体系，待测溶液的性质和温度等因素。"定位"调节旋钮就是用于消除电极不对称电势对测量结果所产生的误差。"斜率"及"定位"调节旋钮仅在测量 pH 及校正时

使用。

④"读数"开关用于读取测量值，按下此开关，可读出溶液的 pH 值。当测量结束时，再按一次此开关，使仪器指针指在中间位置，且不受输入信号的影响，以免打坏表针。

⑤"选择"开关供选定仪器的测量功能。

⑥"范围"开关供选定仪器的测量范围。

三、操作方法

1. 缓冲溶液配制

仪器附有三种标准缓冲溶液。

pH＝4.01 的酸性缓冲溶液：将 10.21g 邻苯二甲酸氢钾（优级纯）配制成 1000mL 水溶液。

pH＝6.86 的中性缓冲溶液：将 3.14g 磷酸二氢钾（优级纯）、3.55g 磷酸氢二钾（优级纯）配制成 1000mL 水溶液。

pH＝9.18 的碱性缓冲溶液：将 3.81g 硼砂（优级纯）配制成 1000mL 水溶液。

三种缓冲溶液的 pH 值与温度的关系见表 2-4。

表 2-4　缓冲溶液的 pH 值与温度的关系

温度/℃	pH 值			温度/℃	pH 值		
	酸性缓冲溶液	中性缓冲溶液	碱性缓冲溶液		酸性缓冲溶液	中性缓冲溶液	碱性缓冲溶液
5	4.01	6.95	9.39	25	4.01	6.86	9.18
10	4.00	6.92	9.33	30	4.02	6.85	9.14
15	4.00	6.90	9.27	35	4.03	6.84	9.10
20	4.01	6.88	9.22	40	4.04	6.84	9.07

2. 仪器校准

① 打开仪器电源开关，预热 30min。

② 将仪器面板上的"选择"开关置"pH"挡，"范围"开关置"6"挡，"斜率"旋钮顺时针旋到底（100％处），"温度"旋钮置于此标准缓冲溶液的温度。

③ 校准：将电极用蒸馏水洗净，用滤纸吸干，放入盛有 pH＝7 的标准缓冲溶液的烧杯内。按下"读数"开关，调节"定位"旋钮，使仪器指示值为此溶液温度下的标准 pH 值。放开"读数"开关，使仪器处于准备状态，此时仪器指针在中间位置。把电极从 pH＝7 的标准缓冲溶液中取出，用蒸馏水洗净，用滤纸吸干。然后放入 pH＝4 或 pH＝9 的标准缓冲溶液中，把仪器的"范围"置"4"挡或"8"挡，按下"读数"开关，"定位"旋钮保持不变，调节"斜率"旋钮，使仪器指示值为该标准缓冲溶液在此溶液下的 pH 值，放开"读数"开关。将电极用蒸馏水洗净，用滤纸吸干重新测 pH＝7 的标准缓冲溶液，但此时应使"斜率"旋钮维持不动。重复操作，直至"定位"旋钮和"斜率"旋钮不变时，溶液的 pH 值为该温度下标准缓冲溶液的 pH 值。仪器校准后绝不能再旋动"定位"和"斜率"旋钮。

3. 测量

① 将电极用蒸馏水洗净，用滤纸吸干。

② 将仪器的"温度"旋钮旋至被测样品溶液的温度值。

③ 将电极放入被测溶液中，仪器的"范围"开关置于此样品溶液的 pH 挡上，按下"读数"开关。如表针打出左面刻度线，则应减小"范围"开关值；如表针打出右面刻度线，则应增大"范围"开关值，直至表针在刻度上。

④ 读数。表针所指示的值加上"范围"开关值，即为此样品溶液 pH 值。

⑤ 测量完毕，关闭电源开关，将电极用蒸馏水清洗干净，再将电极保护帽套上，帽内放少量补充液，以保持电极球泡的湿润。将所用烧杯用蒸馏水清洗干净，放回原位备用。

四、 注意事项

① 电极在测量前用已知 pH 值的标准缓冲溶液进行定位标准，为取得更精确的结果，已知 pH 值要可靠，而且其 pH 值越接近被测值越好。

② 取下电极保护帽后要注意，在塑料保护栅内的敏感玻璃泡不与硬物接触，任何破损和擦毛都会使电极失效。

③ 测量完毕，不用时应将电极保护帽套上，帽内应放少量补充液，以保持电极球泡的湿润。

④ 复合电极的外参比补充液为 3mol/L 氯化钾溶液，补充液可以从上端小孔加入。

⑤ 电极的引出端必须保持清洁和干燥，绝对防止输出两端短路，否则将导致测量结果失准或失效。

⑥ 电极应与输入阻抗较高的 pH 计（$\geqslant 10^{12}\Omega$）配套，能使电极保持良好的特性。

⑦ 避免电极长期浸在蒸馏水中或蛋白质溶液和酸性氟化物溶液中，并防止和有机硅油脂接触。

⑧ 电极经长期使用后，如发现梯度略有降低，则可把电极下端浸泡在 4% HF（氢氟酸）中 3～5s，用蒸馏水洗净，然后在氯化钾溶液中浸泡，使之复新。

⑨ 被测溶液中如含有易污染敏感球泡或堵塞液接界的物质，会使电极钝化，其现象是敏感梯度降低，或读数不准。应根据污染物质的性质，用适当溶液清洗，使之复新。

注：选用清洗剂时，能溶解聚碳酸树脂的清洗剂，如四氯化碳、三氯乙烯、四氢呋喃等可能把聚碳酸树脂溶解后涂在敏感玻璃球泡上，而使电极失效，请慎用！

第七节 BZY-202 自动张力测定仪及使用方法

一、 仪器原理

分子间的作用力形成液体的界面张力或表面张力，张力值的大小能够反映液体的物理化学性质及其物质构成，是相关行业考察产品质量的重要指标之一。本仪器适用 GB 6541—1986 标准，基于圆环法（铂金环法），测量各种液体的表面张力（液-气相界面）及液体的界面张力（液-液相界面）。此方法具有操作简单、精确度高的优点。

铂金环从"液-气"界面或"液-液"界面向上拉出来时，在铂金环下面会形成一个圆形的液柱膜，随着圆环的继续上升液柱膜破裂，在这个过程中通过电磁力平衡传感器检测到出现的最大的受力值，通过式（2-5）计算张力值。

$$M = \frac{mg}{2L} \tag{2-5}$$

式中，M 为液体表面张力，dyn/cm（1dyn＝10^{-5}N）；m 为砝码质量，g；L 为铂金丝周长，cm。此方法测得的张力的大小受到以下几个因素影响：

① 铂金环的平均半径及铂金丝的半径；

② "液-气"或"液-液"的密度差；

③ 液体的纯度、电解质杂质将严重影响张力值；

④ 环境的温度。

由于在铂金环处形成的液柱不是圆筒形的，必须引入修正因子 F，Zuidema 与 Waters 给出修正因子 F 的计算公式

$$F = 0.725 + \left[\frac{0.03678M\,(\rho_0 - \rho_1)}{R_h^2} + 0.04534 - 1.679\frac{R_s}{R_h} \right]^{1/2} \tag{2-6}$$

式中，ρ_0 为下液体密度，g/mL；ρ_1 为上液体密度或气体密度，g/mL；R_s 为铂金丝的平均半径，mm；R_h 为铂金环的平均半径，mm。修正后的最终结果为

$$\delta = MF \tag{2-7}$$

式中，M 为表面张力值，dyn/cm；F 为修正因子。

二、 操作方法

BZY-202 自动张力测定仪基本装置包括硅扩散电阻非平衡电桥的电源和测量电桥失去平衡时输出电压大小的数字电压表。其他装置包括铁架台、微调升降台、装有力敏传感器的固定杆、盛液体的玻璃皿和圆环形吊片。实验证明，当环的直径在 3cm 附近，而液体和金属环接触的接触角近似为零时，运用式（2-7）测量各种液体的表面张力的结果较为准确。

仪器按键为无标识按键，在不同的显示界面下，按键具有不同的功能定义，由对应显示的菜单来决定。

① 开机，测量前仪器应开机通电预热 30min 以上。

② 将铂金环在流动自来水中清洗干净（注意：不要使铂金环变形），然后将环端在酒精灯上烧红，要烧得充分。

③ 将铂金环挂在张力仪吊钩上自然冷却至室温，待用。

④ 清洗样品皿，通常情况下，只需要使用自来水和二次蒸馏水。

⑤ 取被测液体，液体在器皿中的高度要大于 7mm，将器皿放入样品盘。

⑥ 罩上有机玻璃防风罩。

⑦ 按"去皮"键，仪器显示"0.0"。

⑧ 转动样品台快速升降手柄，使朝上的手柄旋转 180°，手柄向下，样品台上升，但液面不能触及环。然后旋转微调螺母使样品台慢慢上升，铂金环浸入液体至 5mm，不超过 6mm。再按"峰值"键，显示屏右边显示"H"（代表测量最大值）。

⑨ 停止一下后，旋转微调螺母，使样品盘慢慢下降（即铂金环相对液面提起）形成一个液柱，显示屏数字增加。在液柱将断未断时拉力最大，当环脱离液面时液柱断开，最大值由液晶屏显示出来，数字保留在显示屏上。

⑩ 将测得的最大值输入电脑 EXCEL 表格中，即能自动计算出被测液体的实际张力值。

三、 注意事项

① 铂金环：圆环平面应与样品液面平行，圆环要保证一定圆度。铂金环要洁净，可用洗洁精清洗，再用纯水漂洗，然后在酒精灯的氧化焰中加热铂金丝至橙红色。

② 测试杯：测试杯要洁净，可用洗洁精清洗，再用热水漂洗，最后用纯水漂洗，沥干后使用。

③ 纯水的获取：最好使用多次提纯的蒸馏水。实验表明，某些市售的饮用纯净水能够达到实验要求。

④ 仪器的校准：仪器受到大的冲击或移动后应进行设置项中砝码的校准。

⑤ 将吊环拉离液面时要特别小心，以免液面发生扰动。

第八节　显微熔点测定仪及使用方法

一、 应用领域

熔点参数常常用来识别物质和检验化合物的纯度。显微熔点测定仪可广泛应用于医药、化工、纺织、橡胶等领域的生产化验、检验；对单晶或共晶等有机物质的分析；工程材料和固体物理的研究。为观察物体在加热状态下的形变、色变及物体的三态转化等物理变化的过程提供了有力手段。

二、 显微熔点测定仪实验装置

图 2-14 为显微熔点测定仪实验装置图，显微熔点测定仪可分为加热台部分、目镜部分及调压控制部分。

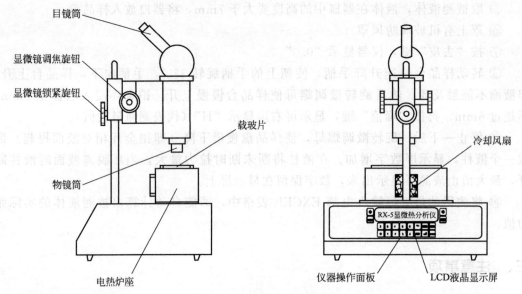

图 2-14　显微熔点测定仪

三、操作步骤

1. 样品的制备

对待测的样品进行干燥处理，样品烘干时，温度应控制在待测物品的熔点以下。再将干燥后的待测样品研细，备用。

2. 开机部分

检查连接：①热台的电源线是否接入调压测温仪的输出端；②传感器是否插入热台孔；③传感器是否与调压测温仪连接。将调压测温仪接入电源。将两个温控旋钮向左归零，打开电源开关。

3. 测样操作

取适量（不大于0.1mg）待测样品放在一片载玻片上，并使药品分布薄而均匀，盖上另一片盖玻片，轻轻压实，然后放在热台中心。盖上隔热玻璃，保护显微镜镜头。上下调整显微镜，直至能清晰地看到待测物品的像。根据样品的温度值，控制调温旋钮（功率大的升温速率快，功率小的升温速率慢），在测试过程中，前段升温迅速，中段升温渐慢，后段升温平缓（当温度接近样品熔点40℃时，使升温速率减慢。当接近样品熔点10℃左右时，调整温控旋钮使升温速率约为1℃/min）。观察样品的熔化过程，记录初熔和全熔时的温度值，即完成一次测试。多次测试，计算平均值。

4. 关机部分

测试完毕后，用镊子取下隔热玻璃和盖玻片，放在隔热垫上，将温控旋钮向左归零，关闭电源开关。待热台冷却后，及时切断电源，将仪器清理复原，用过的盖玻片放入酒精中浸泡后擦拭干净，以备下次使用。

四、 注意事项

① 测试过程中,一定要使用镊子夹持放入或取出样品。热台属高温部件,严禁用手触摸,以免烫伤。

② 把待测物品烘干时,温度应控制在待测物品的熔点以下。

③ 升温速率对熔点的测定有着极大的影响,因此,需要严格按照要求控制升温速率。

第三章
精细化工实验项目

第一节　表面活性剂

表面活性剂是指加入少量即能显著降低溶剂的表面张力或液-液界面张力，并具有形成胶束能力的一类物质。表面活性剂分子是双亲结构，即分子的一端是极性的亲水基团，而另一端是非极性的亲油（憎水）基团，其结构见图 3-1。正因为表面活性剂是由亲水基和亲油基组成，还具有界面吸附、定向排列、形成胶束的基本性质，因而直接或间接地具有润湿、分散、乳化、增溶、起泡、洗涤、润滑、抗静电、杀菌等多种作用和功能，可大量应用于洗涤剂、化妆品、农药、涂料、食品、纺织、造纸、皮革、环保、石油开采、信息材料、金属加工、矿物浮选等各个领域。

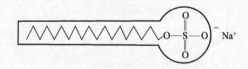

图 3-1　表面活性剂的结构模型

表面活性剂可按亲水基团是否带电分为离子型和非离子型两大类，其中离子型表面活性剂按亲水基团所带电荷又分为阳离子表面活性剂、阴离子表面活性剂和两性离子表面活性剂。阴离子表面活性剂按亲水基团结构分为：羧酸盐型（$R—COO^-$）、磺酸盐型（$R—SO_3^-$）、硫酸酯盐型（$R—OSO_3^-$）、磷酸酯盐型（$R—OPO_3^{2-}$）；阳离子表面活性剂按亲水基团结构分为：伯胺盐型（$R—N^+H_2$）、仲胺盐型（$R—N^+H—CH_3$）、叔胺盐型 [$R—N^+—(CH_3)_2$]、季铵盐型 [$R—N^+(CH_3)_3$]；两性离子表面活性剂按整体化学结构分为：氨基酸型、甜菜碱型、咪唑啉型、卵磷脂型；非离子表面活性剂按整体化学结构分为：聚氧乙烯型、多元醇脂肪酸酯型。

实验 1　十二烷基硫酸钠的制备与起泡性的测定

一、　实验目的

1. 了解阴离子型表面活性剂的主要性质和用途。
2. 掌握高级醇硫酸酯盐类表面活性剂的合成原理及合成方法。
3. 了解起泡能力的测定方法和罗氏泡沫仪的使用方法。

二、　产品特性与用途

十二烷基硫酸钠，又称月桂基硫酸钠，英文名 sodium dodecyl sulfate，简称 SDS，化学式为 $C_{12}H_{25}SO_4Na$，分子量为 288.38。它是重要的脂肪醇硫酸酯盐类的阴离子表面活性剂。脂肪醇硫酸钠是白色至淡黄色固体，易溶于水，具有优良的发泡、润湿、去污等性能，泡沫丰富、洁白而细密，适于低温洗涤，易漂洗，对皮肤刺激性小。它的去污力优于烷基磺酸钠和烷基苯磺酸钠，在有氯化钠等填充剂存在时洗涤效能不减，反而有些增高。十二烷基硫酸镁盐和钙盐有相当高的水溶性，因此十二烷基硫酸钠可在硬水中使用。它还具有较易被生物降解、低毒、对环境污染较小等优点。

脂肪醇硫酸钠（简称 AS）的水溶性、发泡力、去污力和润湿力等使用性能与烷基碳链结构有关。当烷基碳原子数从 12 增至 18 时，它的水溶性和在低温下的起泡力随之下降，而去污力和在较高温度（60℃）下的起泡力都随之有所升高，至于润湿力则没有规律性变化，其顺序为 $C_{14} > C_{12} > C_{16} > C_{18} > C_{10} > C_8$。

AS 可用作牙膏中的发泡剂，配制洗发水、润滑油膏等，还用于丝、毛一类的精细织物的洗涤，以及棉、麻织物的洗涤，并广泛用于乳液聚合、悬浮聚合、金属选矿等流程中。

三、　实验原理

十二烷基硫酸钠的制备，可用发烟硫酸、浓硫酸、氯磺酸或氨基磺酸与十二醇反应。首先进行硫酸化反应生成酸式硫酸酯，然后用碱溶液将酸式硫酸酯中和。硫酸化反应是一个剧烈的放热反应，为避免由于局部高温而引起的氧化、焦油化以及醚的生成等种种副反应，需在冷却和加强搅拌的条件下，通过控制加料速度来避免整体或局部物料过热。十二烷基硫酸钠在弱碱和弱酸性水溶液中都是比较稳定的，但由于中和反应也是一个剧烈放热的反应，为防止局部过热引起水解，中和操作仍应注意加料、搅拌和温度的控制。

本实验以十二醇和浓硫酸为原料，反应式如下：

$$CH_3(CH_2)_{11}OH + H_2SO_4 \longrightarrow CH_3(CH_2)_{11}OSO_3H + H_2O$$

$$CH_3(CH_2)_{11}OSO_3H + NaOH \longrightarrow CH_3(CH_2)_{11}OSO_3Na + H_2O$$

四、 主要仪器与试剂

电热套、电动搅拌器及罗氏泡沫仪等。

月桂醇、浓硫酸、十二醇、30%氢氧化钠水溶液及30%双氧水等。

五、 实验内容

1. 酸式硫酸酯的制备

在装有电动搅拌器、温度计、恒压滴液漏斗的三口烧瓶内加入19g（0.1mol）的月桂醇。烧瓶外用冷水浴冷却，控温25℃，在充分搅拌下用滴液漏斗缓慢滴入5.5mL（0.105mol）的浓硫酸。控制滴入的速度，使温度不超过30℃。加完浓硫酸后，于30～35℃下反应2h，反应结束后得到十二烷基硫酸，密封备用。

2. 十二烷基硫酸钠的制备

在烧杯内倒入少量30%氢氧化钠水溶液，烧杯外用冷水浴冷却，搅拌下将制得的十二烷基硫酸分批、逐渐倒入烧杯中，再间断加入30%氢氧化钠水溶液，控制溶液的pH值，充分搅拌，加料完毕后物料的pH值应在7～8.5。中和反应的温度控制在50℃以下，避免酸式硫酸酯在高温下分解。产物在弱酸性和弱碱性介质中都是比较稳定的，若为酸性，则产物会分解为醇。氢氧化钠水溶液的用量不宜过多，以防止反应体系的碱性过强。然后加入30%双氧水约0.5g，搅拌，漂白，得到浓稠的十二烷基硫酸钠浆液。将上述的浆液移入蒸发皿，在蒸汽浴上或烘箱内烘干，压碎后即可得到白色颗粒状或粉状的十二烷基硫酸钠。称重，计算收率。

由于中和前未将反应混合物中的H_2SO_4分离出去，因此最后产物中混有Na_2SO_4等杂质，会造成收率超过理论值。这些无机物的存在对产品的使用性能一般无不良影响，相反还起到一定的助洗作用。微量未转化的十二醇也有柔滑作用。

3. 产品检验

纯品十二烷基硫酸钠为白色固体，能溶于水，对碱和弱酸较稳定，在120℃以上会分解。本实验制得的产品和工业品大致相同，不是纯品。工业品的控制指标一般为：

活性物含量≥80%；水分≤3%；高碳醇≤3%；无机盐≤8%；pH值（3%溶液）8～9。

判断反应程度简单的定性方法是：取样，溶于水中，溶解度大且溶液透明则表明反应程度高（脂肪醇硫酸钠溶于水中呈半透明状，分子量越低，则溶液越透明）。

活性物含量的测定可参考GB/T 5173—2018。无机盐含量可按通常的灰分测定法测出。水分含量可通过加热至恒重的方法测出。

4. 起泡性测定

用50mL烧杯取2g样品测定泡沫性能（参考罗氏泡沫仪的使用方法）。

六、 数据记录

1. 实验记录表

可参照表 3-1 的格式记录实验数据。

表 3-1　十二烷基硫酸钠制备的实验记录表

产品名称	性状	pH 值(3％溶液)	产量/g
十二烷基硫酸钠			

2. 数据记录表

根据反应原理，判定浓硫酸过量，而计算产物收率时应以不过量的原料即十二醇的投料量为基准。

将所得数据记录在表 3-2 中。

表 3-2　十二醇硫酸钠制备的数据记录表

产品名称	收率/％	活性物含量/％	水分含量/％	无机物含量/％	起泡高度/cm
十二醇硫酸钠					

七、 注意事项

1. 浓硫酸的腐蚀性很强，在称量和加料过程中应戴橡胶手套，防止皮肤被灼伤，并在通风橱内称量。

2. 硫酸化过程中，严格控制滴加浓硫酸的速度，防止剧烈放热，使反应温度升高，收率降低。

八、 思考题

1. 硫酸酯盐类阴离子表面活性剂有哪几种？写出结构式。

2. 滴加浓硫酸时温度为什么控制在 30℃ 以下？

3. 产品的 pH 值为什么控制在 7～8.5？

实验 2　十二烷基苯磺酸钠的制备

一、 实验目的

1. 掌握十二烷基苯磺酸钠的制备方法。

2. 了解用不同磺化剂进行磺化反应的机理和反应特点。

3. 了解十二烷基苯磺酸钠的性质、用途和使用方法。

二、 产品特性与用途

十二烷基苯磺酸钠英文名 sodium dodecyl benzene sulfonate，简称 SDBS，为白色浆状物或粉末，具有去污、湿润、发泡、乳化、分散等性能，可在水果和餐具清洗中应用。烷基苯磺酸钠在洗涤剂中使用的量最大，由于采用了大规模自动化生产，价格低廉。在洗涤剂中使用的烷基苯磺酸钠有支链结构（ABS）和直链结构（LAS）两种，支链结构生物降解性小，会对环境造成污染，而直链结构易生物降解，生物降解性可大于90%，对环境污染程度小。

烷基苯磺酸钠是中性的，对水硬度较敏感，不易氧化，起泡力强，去污力高，易与各种助剂复配，成本较低，合成工艺成熟，应用领域广泛，是非常出色的表面活性剂。烷基苯磺酸钠对颗粒污垢、蛋白污垢和油性污垢有显著的去污效果，对天然纤维上颗粒污垢的洗涤作用尤佳，去污力随洗涤温度的升高而增强，对蛋白污垢的作用高于非离子表面活性剂，且泡沫丰富。烷基苯磺酸钠存在两个缺点：一是耐硬水较差，去污性能可随水硬度的增大而降低，因此以其为主活性剂的洗涤剂必须与适量螯合剂配用；二是脱脂力较强，手洗时对皮肤有一定的刺激性，洗后衣服手感较差，宜用阳离子表面活性剂作柔软剂漂洗。近年来为了获得更好的综合洗涤效果，LAS 常与脂肪醇聚氧乙烯醚（AEO）等非离子表面活性剂复配使用。LAS 最主要的用途是配制各种类型的液体，粉状、粒状洗涤剂，擦净剂和清洁剂等。

三、 实验原理

磺化反应是在有机分子中的碳原子上引入磺酸基（—SO_3H）的反应，产物是磺酸（R—SO_3H）、磺酸盐（R—SO_3M，M 表示 NH_4^+ 或金属离子）或磺酰氯（R—SO_2Cl）。磺化是亲电取代反应，SO_3 分子中硫原子的电负性比氧原子的电负性小，所以硫原子带有部分正电荷而成为亲电试剂。

常用的磺化剂是浓硫酸、发烟硫酸、三氧化硫、氯磺酸。

1. 磺化的主要方法

过量硫酸磺化法（磺化剂是浓硫酸和发烟硫酸）、共沸脱水磺化法、三氧化硫磺化法、氯磺酸磺化法、芳伯胺的烘焙磺化法。

2. 磺化反应的主要目的

① 使产品具有水溶性、酸性、表面活性或对纤维素具有亲和力；

② 将磺基转化为—OH、—NH_2、—CN 或—Cl 等取代基；

③ 先在芳环上引入磺基，完成特定反应后，再将磺基水解掉。

3. 磺化反应的主要影响因素

硫酸的浓度和用量对磺化反应速率有很大影响。随着磺化反应的进行，生成的水逐渐增加，硫酸的浓度逐渐下降，在磺化反应的末期，反应速率急剧下降，甚至反应终止。磺化反应初始加入的硫酸浓度称为 x 值，由于磺化反应有水生成，随着反应的进行硫酸的浓度逐渐降低，在某一浓度下磺化反应不能进行，剩下的硫酸称为废酸，这一浓度称为 π 值。磺化反应温度和时间会影响磺基进入芳环的位置和磺酸异构体的生成比例。特别是在多磺化时，为了使每一个磺基都尽可能地进入所希望的位置，在每一个磺化阶段都需要选择合适的磺化温度。低温、短时间的反应有利于 α 取代，高温、长时间的反应有利于 β 取代。

4. 磺化产物的分离

稀释析出法：有些磺化产物在稀硫酸中的溶解度很低，可用稀释法使其析出，这种方法优点是操作简便，费用低，副产物废硫酸母液便于回收和利用，许多芳磺酸盐在水中的溶解度大，但是在相同正离子的存在下，溶解度明显下降，因此可以向磺化稀释液中加入氯化钠、硫酸钠或钾盐等，使芳磺酸盐析出来；中和盐析法（可用碳酸钠、氢氧化钠、氨水等中和盐析）；脱硫酸钙法；溶剂萃取法。

反应方程式如下：

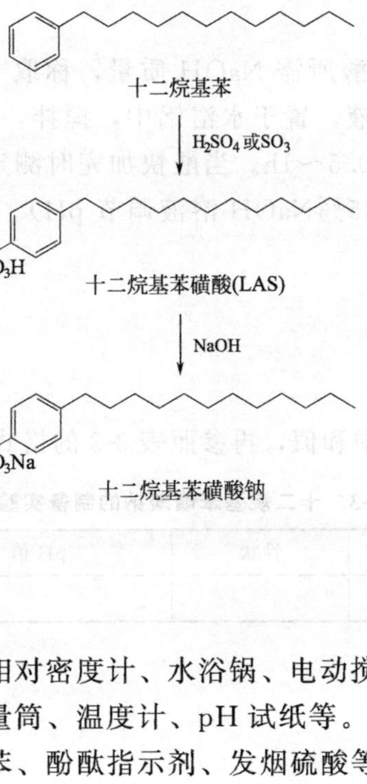

十二烷基苯

H_2SO_4 或 SO_3

SO_3H　十二烷基苯磺酸(LAS)

NaOH

SO_3Na　十二烷基苯磺酸钠

四、 主要仪器与试剂

托盘天平、碱式滴定管、相对密度计、水浴锅、电动搅拌器、锥形瓶、烧杯、三口烧瓶、滴液漏斗、分液漏斗、量筒、温度计、pH 试纸等。

水、氢氧化钠、十二烷基苯、酚酞指示剂、发烟硫酸等。

五、 实验内容

1. 磺化

用相对密度计分别测定十二烷基苯和发烟硫酸的相对密度，用量筒量取 50g（换算为体积）十二烷基苯转移到干燥的预先称重的三口烧瓶中，用量筒量取 58g 发烟硫酸装入滴液漏斗中。安装实验装置，在搅拌下将发烟硫酸逐滴加入十二烷基苯中，加料时间为 1h。控制反应温度在 25～30℃。加料结束后停止搅拌，静置 30min，反应结束后记下混酸的质量。

2. 分酸

在原实验装置中，按混酸∶水（质量比）＝85∶15计算所需加水量，并通过滴液漏斗在搅拌下将水逐滴加到混酸中，温度控制在45～50℃，加料时间为0.5～1h。反应结束后将混酸转移到预先称重的分液漏斗中，静置30min，分去废酸（待用），称重，记录。

3. 中和值测定

用量筒取10mL水加入150mL锥形瓶中，并称取0.5g磺酸于锥形瓶中，摇匀，使磺酸分散，加40mL水于锥形瓶中，轻轻摇动，使磺酸溶解。滴加2滴酚酞指示剂，用0.1mol/L NaOH溶液滴定至出现粉红色，按下列公式计算出中和值。

$$H = 40cV / (1000m)$$

式中，H 为中和值；c 为 NaOH 溶液浓度，mol/L；V 为消耗 NaOH 溶液的体积，mL；m 为磺酸质量，g。

4. 中和

按中和值计算出中和磺酸所需 NaOH 质量，称取 NaOH，并用 500mL 烧杯配成 15％（质量分数）NaOH 溶液，置于水浴锅中，搅拌，控制温度35～40℃，用滴液漏斗将磺酸缓慢加入，时间为0.5～1h。当酸快加完时测定体系的 pH，控制反应终点的 pH 值为7～8（可用废酸和15％NaOH 溶液调节 pH）。反应结束后称量所得十二烷基苯磺酸钠的质量。

六、 数据记录

计算十二烷基苯磺酸的中和值，再参照表 3-3 的格式记录实验数据。

表 3-3　十二烷基苯磺酸钠的制备实验记录表

产品名称	性状	pH 值	产量/g	中和值
十二烷基苯磺酸钠				

七、 注意事项

1. 注意发烟硫酸、磺酸、氢氧化钠、废酸的腐蚀性，切勿溅到皮肤和衣物上。
2. 磺化反应为剧烈放热反应，需严格控制加料速度与反应温度。
3. 分酸时应控制加料速度和温度，搅拌要充分，防止结块。

八、 思考题

1. 采用支链烷基苯或直链烷基苯为原料，对反应结果是否有影响？
2. 分酸时如何确定混酸与水的比例？
3. 中和时温度为什么要控制在35～40℃？
4. 市场上销售的十二烷基苯磺酸钠有不同的型号，不同型号代表什么意思？

实验 3　脂肪醇聚氧乙烯醚硫酸钠的制备

一、　实验目的

1. 掌握脂肪醇聚氧乙烯醚硫酸钠的制备方法。
2. 了解脂肪醇聚氧乙烯醚硫酸钠的性质、用途。

二、　产品特性与用途

脂肪醇聚氧乙烯醚硫酸钠又称十二烷基聚氧乙烯醚硫酸钠，英文名 sodium lauryl ether sulfate，简称 AES，是以脂肪醇聚氧乙烯醚（AEO）为原料，经 SO_3 硫酸化、中和得到的一类阴离子表面活性剂。目前国内市场上该产品有两种形式：70%左右的膏体和 28%左右的液体。AES 属于第二大类阴离子表面活性剂，具有抗硬水能力强、生物降解性好、刺激性低等优点，在洗发水、沐浴露、餐具洗涤剂、洗衣液等方面均有广泛的用途。

三、　实验原理

AES 的制备分为硫酸化和中和两步，反应机理如下所示。式中，n 为环氧乙烷的平均加和数。

$$RO(CH_2CH_2O)_nH + H_2NSO_3H \xrightarrow{H_2NCONH_2} RO(CH_2CH_2O)_nSO_3NH_4$$

硫酸化结束后加入烧碱中和。

$$RO(CH_2CH_2O)_nSO_3NH_4 + NaOH \longrightarrow RO(CH_2CH_2O)_nSO_3Na + NH_3 + H_2O$$

四、　主要仪器与试剂

天平、烧杯、水浴锅、磁力搅拌器、三口烧瓶、pH 试纸、吸收瓶、真空干燥箱等。

脂肪醇聚氧乙烯醚（AEO）、氨基磺酸、尿素、氢氧化钠、水等。

五、　实验内容

用天平称取 17g 的脂肪醇聚氧乙烯醚置于 250mL 的烧杯中，再向其中加入 9.5g 的氨基磺酸和 3.4g 的尿素，将其置于水浴锅中，升温至 95℃，保温搅拌 1h。随着反应的进行，反应液逐渐由黏稠状变成膏状，当体系由乳液变成透明体时，磺化反应结束。将膏状物转移至 500mL 的三口烧瓶中，加入 NaOH 饱和溶液（NaOH 质量为 4.5g）。边加边搅拌，NaOH 加入时 NH₃ 会迅速逸出，将 NH₃ 导入稀酸吸收瓶中。这时物料温度会升高，用冷水冷却使中和温度保持在 45～50℃ 之间。用稀酸调节 pH 值为 10～12，防止中和产品反酸而分解。中和结束后，在 40℃ 真空干燥箱中抽真空，排除残余氨气，干燥后称重。

六、 数据记录

参照表 3-4 的格式记录实验数据。

表 3-4　脂肪醇聚氧乙烯醚硫酸钠的制备实验记录表

产品名称	性状	pH 值	产量/g
脂肪醇聚氧乙烯醚硫酸钠			

七、 注意事项

1. 注意反应物料的腐蚀性，切勿溅到皮肤和衣物上。
2. 加入 NaOH 时应控制加料速度，搅拌要充分，防止反应温度过高。

八、 思考题

1. 中和时温度为什么要控制在 45～50℃？
2. 中和反应时调节 pH 值为 10～12 的目的是什么？

实验 4　十二烷基二甲基苄基氯化铵的制备与临界胶束浓度的测定

一、 实验目的

1. 掌握季铵盐型阳离子表面活性剂的合成方法。
2. 了解表面张力仪的使用方法和临界胶束浓度的测定方法。

二、 产品特性与用途

十二烷基二甲基苄基氯化铵，俗名洁尔灭，英文名为 dodecy ldimethyl benzyl ammonium chloride，分子式为 $C_{21}H_{38}NCl$，分子量为 340.00。呈无色或浅黄色透明液体，有芳香气味并带有苦杏仁味，微溶于乙醇，易溶于水，水溶液呈弱碱性，振荡时产生大量气泡，长期暴露空气中易吸潮，静置储存时，有结晶析出。其性质稳定，耐光、耐压、耐热，无挥发性，是一种季铵盐型阳离子表面活性剂。

季铵盐型阳离子表面活性剂系由叔胺和烷基化试剂反应而成，即 NH_4^+ 的四个氢原子被有机基团所取代，成为 $R^1R^2N^+R^3R^4$。四个 R 基中，一般只有 1~2 个 R 基是长烃链，其余 R 基的碳原子数大多为 1~2 个。季铵盐与胺盐不同，不受 pH 变化的影响，不论在酸性、中性或碱性介质中，季铵离子皆无变化。

十二烷基二甲基苄基氯化铵除具有表面活性外，属非氧化性杀菌剂，具有广谱、高效的杀菌灭藻能力，能有效控制水中菌藻繁殖和污泥生长，并具有良好的污泥剥离作用和一定的分散、渗透作用；毒性小，无累积毒性，不受水硬度的影响，因此广泛应用于石油、化工、电力、纺织等行业的循环冷却水系统中，用以控制水中菌藻滋生，对杀灭硫酸盐还原菌有特效。除此之外，还可作为纺织、印染行业的柔软剂、抗静电剂、乳化剂、颜料分散剂、调理剂等。

三、 实验原理

本实验是以十二烷基二甲基叔胺为原料，氯化苄为烷化剂制成杀菌力强的季铵盐阳离子表面活性剂。其反应式如下：

$$C_{12}H_{25}\underset{CH_3}{\overset{CH_3}{N}} + \underset{}{\bigcirc}-CH_2Cl \longrightarrow \left[\underset{}{\bigcirc}-CH_2-\underset{CH_3}{\overset{CH_3}{N^+}}-C_{12}H_{25}\right]Cl^-$$

表面张力和临界胶束浓度是表面活性剂非常重要的性质，若使液体的表面扩大，需对体系做功，增加单位表面积时，对体系做的可逆功称为表面功或表面吉布斯自由能，它们的单位分别是 N/m 和 J/m^2。

表面活性剂在溶液中能够形成胶团时的最小浓度称为临界胶束浓度（CMC），在形成胶团时，溶液的一系列性质都发生突变，因此，可采用表面张力-浓度对数图法测定 CMC 值，在 CMC 处，表面活性剂溶液的表面张力发生突变。该法适合各种类型的表面活性剂，准确性好，不受无机盐的影响，只有当表面活性剂中混有极性有机物如乙醇时，曲线中出现最低点。表面张力测定较为常用的方法有滴重法和环法。

四、 主要仪器与试剂

球形冷凝管、三口烧瓶、搅拌器、温度计、表面张力仪、天平、容量瓶等。
十二烷基二甲基叔胺、氯化苄、蒸馏水。

五、 实验内容

1. 十二烷基二甲基苄基氯化铵的制备
在装有搅拌器、温度计和球形冷凝管的 250mL 三口烧瓶中，加入 5.3g 十二烷基二甲基叔胺和 2g 氯化苄，搅拌升温至 90～100℃，恒温回流反应 2h，得白色黏稠状液体，即为十二烷基二甲基苄基氯化铵。

2. 临界胶束浓度的测定

取 1.70g 白色黏稠状液体，用少量蒸馏水溶解，在 50mL 容量瓶中定容，然后从该容量瓶中移取 5mL，放入另一个 50mL 容量瓶中定容。然后依次从上一浓度的溶液中移取 5mL 稀释 10 倍，配制 5 个不同浓度的溶液。

用滴重法测定蒸馏水的表面张力，对仪器进行校正，然后从稀到浓依次测定十二烷基二甲基苄基氯化铵溶液，并计算表面张力，作出表面张力-浓度对数曲线，拐点处浓度即为 CMC 值。在拐点处增加几个测定值可有效减小误差（参考表面张力仪的使用方法）。

六、 数据记录

1. 实验记录表

可参照表 3-5 的格式记录实验数据。

表 3-5　十二烷基二甲基苄基氯化铵制备的实验记录表

产品名称	性状	CMC/(mol/L)
十二烷基二甲基苄基氯化铵		

2. 数据记录表

测定不同浓度十二烷基二甲基苄基氯化铵的表面张力，并计算浓度对数，将所得数据记录在表 3-6 中，并作图找出临界胶束浓度。

表 3-6　十二烷基二甲基苄基氯化铵的表面张力数据记录表

浓度对数					
表面张力/(N/m)					

七、 注意事项

1. 氯化苄有较强的毒性，具有强烈刺激性气味，有催泪性，可与空气形成爆炸性混合物。此实验操作应在通风橱内进行，并戴橡胶手套。

2. 表面张力仪是较精密的仪器，要注意其使用方法。

八、 思考题

1. 季铵盐型与胺盐型阳离子表面活性剂的性质区别是什么？
2. 季铵盐型阳离子表面活性剂的常用烷化剂有哪些？
3. 试述季铵盐型阳离子表面活性剂的工业用途。

实验 5 十二烷基二甲基甜菜碱的制备

一、 实验目的

1. 掌握甜菜碱型两性离子表面活性剂的制备原理和方法。
2. 了解甜菜碱型两性离子表面活性剂的性质和用途。
3. 掌握配制液体洗衣剂的配方和工艺。

二、 产品特性与用途

两性离子表面活性剂的亲水基是由带正电荷和带负电荷的两部分构成的，在水溶液中呈现两性的状态，会随着介质不同表现出不同的活性。两性离子呈现的离子性随着溶液的 pH 值而变化，在碱性溶液中呈阴离子活性，在酸性溶液中呈阳离子活性，在中性溶液中呈两性活性。

甜菜碱型两性离子表面活性剂是由季铵盐型阳离子部分和羧酸盐型阴离子部分构成。十二烷基二甲基甜菜碱，英文名 dodecyl dimethyl betaine，简称 BS-12，是甜菜碱型两性离子表面活性剂中最普通的品种，为无色或浅黄色透明黏稠液体，在碱性、酸性和中性条件下均溶于水，即使在等电点也无沉淀，不溶于乙醇等极性溶剂，任何 pH 值下均可使用；有良好的去污、起泡、乳化和渗透性能；对酸、碱和各种金属离子都比较稳定；杀菌作用温和，刺激性小；生物降解性好，并具有抗静电等特殊性能。BS-12 适用于制造无刺激性的调理洗发水、纤维柔软剂、抗静电剂、匀染剂、防锈剂、金属表面加工助剂和杀菌剂等。

三、 实验原理

十二烷基二甲基甜菜碱以 N,N-二甲基十二烷胺和氯乙酸钠反应来制取。
反应方程式如下：

$$n C_{12}H_{25}NH_2 + 2HCHO + 2HCOOH \longrightarrow n C_{12}H_{25}N(CH_3)_2 + 2CO_2 + 2H_2O$$

$$n C_{12}H_{25}N(CH_3)_2 + ClCH_2COONa \longrightarrow n C_{12}H_{25}\!-\!\overset{\overset{\displaystyle CH_3}{|}}{\underset{\underset{\displaystyle CH_3}{|}}{N^+}}\!-\!CH_2COO^- + NaCl$$

四、 主要仪器与试剂

电动搅拌器、三口烧瓶、回流冷凝管、玻璃漏斗、温度计、水浴锅、天平等。
N,N-二甲基十二烷胺、氯乙酸钠、乙醇、浓盐酸、乙醚等。

五、 实验内容

在装有温度计、回流冷凝管、电动搅拌器的250mL三口烧瓶中，加入10.7g的N，N-二甲基十二烷胺，再加入5.8g氯乙酸钠和30mL 50%的乙醇溶液，在水浴锅中加热至60~80℃，并在此温度下回流至反应液变透明。

冷却反应液，在搅拌下滴加浓盐酸，直至出现乳状液不再消失为止，放置过夜至十二烷基二甲基甜菜碱盐酸盐结晶析出，过滤。用10mL乙醇和水的混合溶液（1：1）洗涤两次，然后干燥滤饼。

粗产品用乙醚-乙醇（2：1）溶液重结晶，得到精制的十二烷基二甲基甜菜碱，测定熔点。

六、 数据记录

可参照表3-7的格式记录实验数据。

表3-7　十二烷基二甲基甜菜碱制备的实验记录表

产品名称	性状	产量/g	熔点/℃
十二烷基二甲基甜菜碱			

七、 注意事项

1. 玻璃仪器必须洗净干燥。
2. 滴加浓盐酸至乳状液不再消失即可。

八、 思考题

1. 两性离子表面活性剂有哪几类？
2. 甜菜碱型与氨基酸型两性离子表面活性剂相比，其性质的最大差别是什么？

第二节　香料

香料又称香原料，是一种能被嗅感嗅出气味或味感品出香味的物质，是用以调制香精的原料。香料分为天然香料和人造香料。其中，天然香料包括动物性天然香料和植物性天然香料，人造香料包括单离香料及合成香料。单离香料是使用物理或化学方法从天然香料中分离出的单体香料化合物；合成香料是采用天然原料或化工原料，通过化学合成的方法得到的香料化合物。

随着现代科学技术的进步，许多先进的分析测试技术应用于香料工业中，如紫外吸收光谱（UV）、红外吸收光谱（IR）、质谱（MS）、X射线衍射（XRD）、气相色谱（GC）、高效液相色谱（HPLC）、核磁共振（NMR）等，探知了许多天然香料中未知香成分的化学结构，这为合成这些香物质提供了依据。有机合成技术的进步和石油化学工业的高度发展，为香料化学的发展开拓了更广阔的前景。

目前，世界各国广泛地应用石油化工产品为原料合成芳樟醇、香叶醇、紫罗兰酮等数以千计的香料化合物。如果说以精油为代表的天然香料的利用给香料工业带来了早期的繁荣，那么可以说以单离香料、煤化工原料、石油化工原料利用为基础的有机合成香料是现代乃至未来香料工业繁荣的标志。合成香料因其具有香气纯正、价格低廉、可以大量生产等诸多优点而逐渐取代了天然香料的统治地位。合成香料工业已成为精细化工的重要组成部分。香料工业是国民经济中不可缺少的配套性行业，与人们日常生活密切相关，是食品、烟酒、日用化学、医药卫生工业及其他工业不可缺少的重要原料。

实验6　香豆素的合成及表征

一、 实验目的

1. 掌握珀金反应原理和芳香族羟基内酯的制备方法。
2. 掌握真空蒸馏的原理和操作技术及冷凝管的使用方法。

二、 产品特性与用途

香豆素，学名邻羟基桂酸内酯，英文名为 coumarin，分子式为 $C_9H_6O_2$，分子量为146.15，是具有黑香豆浓重香味及巧克力气息的白色结晶物，相对密度 0.935（20℃），熔点 68～70℃，沸点 297～299℃，不溶于冷水，溶于热水、乙醇、乙醚和氯仿。香豆素是一种重要的香料，天然存在于黑香豆、兰花、野香荚兰中，常用于日用化妆品及香皂香精中。目前，香豆素及其衍生物被发现具有抗凝血作用，因此，在药物上也有一定的应用。

三、 实验原理

芳香醛与脂肪酸酐在碱性催化剂作用下进行缩合，生成 β-芳基丙烯酸类化合物的反应称为珀金缩合反应。所使用的碱催化剂一般是与所用脂肪酸酐相应的脂肪酸碱金属盐。香豆素最初就是利用珀金缩合反应，用水杨醛与醋酸酐在醋酸钠存在下反应得到的，它是香豆酸的内酯：

$$\text{（邻羟基苯甲醛）} + (CH_3CO)_2O \xrightarrow{CH_3COONa} \text{（香豆素）}$$

曾假设，这个反应是按醛醇缩合的反应历程进行的，且包括负碳离子进攻羰基的阶段。负碳离子是通过碱使质子从羧基 α-位置的碳原子上脱离而生成的。缩合反应是酸酐的 α-碳原子同芳香醛的羰基碳原子形成键，并且生成 β-羟基酸酐。脱去一分子醋酸后生成 α,β-不饱和酸，后者再脱去一分子水即生成香豆素，其反应式如下：

$$\text{（邻羟基苯甲醛）} + (CH_3CO)_2O \xrightarrow{CH_3COONa} \underset{OH}{\text{CH}}-CH_2-\overset{O}{\overset{\|}{C}}\overset{O}{\overset{\|}{OC}}CH_3 \xrightarrow{-CH_3COOH}$$

$$\text{CH}=\text{CH}-\text{COOH} \xrightarrow{-H_2O} \text{（香豆素）}$$

四、 主要仪器与试剂

三口烧瓶、烧杯、电热套、搅拌器、滴液漏斗、温度计、直型冷凝管、米格分馏柱、减压蒸馏装置、天平等。

水杨醛、醋酸酐、碳酸钾、沸石、水。

五、 实验内容

在装有搅拌器、温度计、米格分馏柱（与其相连的直型冷凝管）的 100mL 三口烧瓶中加入 10g 质量分数 58% 的水杨醛溶液、16.5g 醋酸酐、0.5g 碳酸钾及少量沸石，加热至 180℃，控制馏出物温度在 120～125℃。至无馏出物时，再通过滴液漏斗补加 8.5g 醋酸酐，补入速度与馏出速度一致。此时反应温度控制在 180～190℃，馏出温度仍控制在 120～125℃。补完醋酸酐后，继续加热，当温度升至 210℃ 时停止加热，反应结束，趁热将反应物倒入烧杯中，用质量分数 10% 的碳酸钠溶液洗至产物的 pH 呈中性。

在减压蒸馏装置中加入上述粗产品，进行减压蒸馏。先蒸出前馏分，然后在 $1.33\times 10^3 \sim 1.9998\times 10^3$ Pa（10～15mmHg）条件下取 140～150℃ 馏分，即为香豆素。再将香豆素用 1:1 乙醇-水溶液重结晶两次，得白色晶体即为纯品。干燥、称重、计算收率，测定熔点。取少量样品采用 KBr 压片法作 FT-IR，并与香豆素标准图谱对照。

六、 数据记录

根据表 3-8 记录香豆素合成与表征的实验数据。

表 3-8 香豆素合成与表征的实验记录表

产品名称	性状	产量/g	收率/%	熔点/℃
香豆素				

简单描述香豆素红外光谱图，并指出各峰名称及峰值。

七、 注意事项

1. 在实验前必须将玻璃仪器烘干。

2. 减压蒸馏的冷凝管要用截短了的空气冷凝管，用电吹风加热冷凝管将产品熔化，然后才能流入接收器中。

八、 思考题

1. 实验中的馏出物是何物？温度对反应有何影响？

2. 本实验有何副反应？

3. 原料中如含有苯酚，对反应有何影响？

4. 如何提高香豆素的收率？

实验 7　β-萘甲醚的制备

一、 实验目的

1. 掌握烷基芳基醚的制备原理和方法。

2. 掌握减压蒸馏和重结晶等分离技术的原理和方法。

二、 产品特性与用途

β-萘甲醚又名 2-甲氧基萘、甲基-2-萘基醚、甲基-β-萘基醚、β-萘酚甲醚、橙花醚，英文名 β-naphthyl methyl ether，其结构式为：

$$\text{（结构式）} \quad O\!-\!CH_3$$

白色片状结晶，分子量 158.20，熔点 72℃，沸点 274℃，易升华。不溶于水，溶于乙醚、氯仿、苯，在 25mL95％乙醇中溶解 1g。具有强烈的类似橙花的香气，无萘酚异味，有类似草莓的甜味。广泛用作花香型香精的调合香料及香皂香料，也可用于花露水中。

三、 实验原理

醚可以看作是水的两个氢原子被烃基取代得到的化合物，也可以看作是两个醇分子之间脱去一个水分子生成的化合物，或者说是烃基化合物醇、酚、萘酚等中烃基的氢被烃基取代的衍生物。若醚中的两个基团相同，则称为单醚或对称醚；若两个基团不同，则称为混醚或不对称醚。

醚的制备方法有以下三种。

① 威廉森合成法。用醇盐和卤代烷的反应制醚：

$$ROM + R'X \longrightarrow ROR' + MX$$

式中，R、R′为烷基或芳基；X 为 I、Br、Cl；M 为 K、Na。

② 在酸催化下醇分子间脱水。在浓硫酸催化下，由醇制备对称醚的方法：

$$2ROH \xrightarrow{H_2SO_4} ROR + H_2O$$

③ 烷氧汞化-去汞法。烯烃在醇的存在下与三氟乙酸汞反应生成烷氧汞化合物，再还原得到醚：

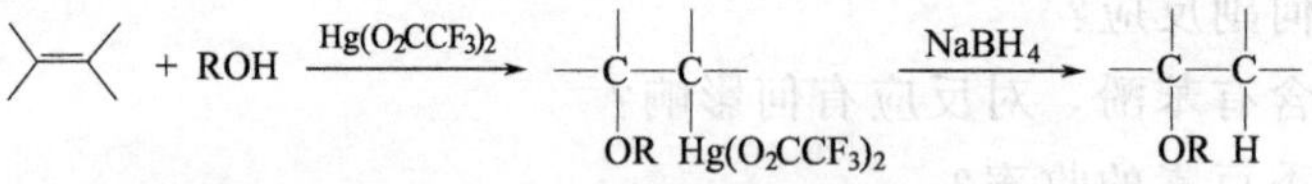

本实验采用方法②制备 β-萘甲醚，即在浓硫酸催化下 β-萘酚和甲醇作用。反应方程式如下：

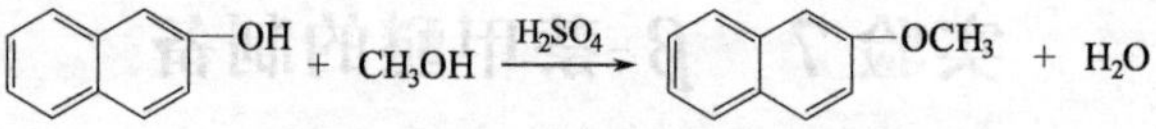

四、 主要仪器与试剂

烧瓶、温度计、回流冷凝管、布氏漏斗、吸滤瓶、减压蒸馏装置、空气冷凝管、电吹风、电热套、真空水泵、烧杯、滴液漏斗、干燥箱等。

β-萘酚、甲醇、浓硫酸、氢氧化钠溶液、去离子水、乙醇。

五、 实验内容

在装有温度计、回流冷凝管、滴液漏斗的 250mL 三口烧瓶中加入 30mL 无水甲醇和 24.2g β-萘酚，微热，待 β-萘酚溶解后，滴加 5.4mL 的浓硫酸，注意温度的变化。滴加完后，回流 4~6h，每 5min 记录一次温度，注意回流的气液面高度要恒定。当回流温度变化较小时，可认为反应结束。将反应物倒入预热到 50℃左右盛 90mL10％氢氧化钠溶液的烧杯中，在热碱水中物料呈油状，冷却过程中，要用玻璃棒充分搅拌，避免结晶固体的颗粒过大。将结晶成均匀砂粒状的反应混合物冷至室温，抽滤，先用 90mL10％氢氧化钠溶液冲洗，然后用去离子水冲洗，洗至滤液呈中性，放入烧杯中，于干燥箱中 40~45℃下干燥（温度过高固体会熔化）。

将充分干燥的粗产品放入装有空气冷凝管的 50mL 烧瓶中，进行减压蒸馏，收集沸点 160~180℃、2.66kPa 的馏分。可用电吹风加热空气冷凝管，防止冷凝管固化。馏出液凝固后为浅黄色固体，可在 100mL 热乙醇中重结晶，得白色片状晶体，称重，计算产率，测定熔点。

六、 数据记录

根据表 3-9 记录 β-萘甲醚制备的实验数据。

表 3-9 β-萘甲醚制备的实验记录表

产品名称	性状	产量/g	收率/%	熔点/℃
β-萘甲醚				

七、 注意事项

1. 易燃药品使用要注意安全。

2. 浓硫酸加入要缓慢、均匀。

3. 可部分回收未反应的 β-萘酚。将分出粗产品后的碱性滤液用硫酸小心酸化至刚果红试纸变紫色（此时呈酸性），析出 β-萘酚的沉淀，过滤，干燥，称重，并从原料中减去。

八、 思考题

1. β-萘甲醚还有哪些制备方法？写出反应方程式。

2. 用热的氢氧化钠溶液处理的目的何在？

3. 为什么要用电吹风加热空气冷凝管？

4. 回收未反应的 β-萘酚对产率是否有影响？

实验 8 植物性天然香料小茴香精油的提取

一、 实验目的

1. 掌握超声辅助水蒸气蒸馏提取小茴香精油的实验方法。

2. 了解影响精油提取率的实验因素。

二、 产品特性与用途

小茴香为伞形科植物茴香 *Foeniculum Vulgare Mill.* 的干燥成熟果实，全株均具有特殊香味，是一种重要的多用途芳香类植物，是常用中药之一，具有较高的药用价值，性温，味辛，有祛寒止痛、理气和胃的功效，含挥发油 3%～8%。茴香精油是存在于茴香种子内的一类可随蒸汽挥发且具有特殊香味的油状液的总称。茴香种子精油的主要成分是酮类和烯类,酮类占 48.86%,烯类占 33.07%,茴香脑占 9.78%。研究表明,茴香精油具有抗氧化、保肝和抑菌杀虫等功效。

新疆小茴香粒大、饱满,油脂及产量高,芳香味醇。新疆是全国小茴香最重要的产地之一,主要产于喀什地区、和田地区、巴音郭楞蒙古自治州、吐鲁番市等地。其中,喀什地区以岳普湖县为主。小茴香收获时间主要集中在每年六、七月份。

三、 实验原理

小茴香精油是一种挥发性的植物精油,不溶于水,易溶于有机溶剂,利用水蒸气蒸馏将精油带出,而后进行分离提纯。同时,利用超声波的机械破碎、空化作用使生物细胞壁及整个生物体破裂,加速浸提物从原料向溶剂扩散。采用超声波细胞粉碎辅助水蒸气蒸馏法提取茴香精油,可有效提高水蒸气蒸馏法提取率。水蒸气蒸馏装置见图 3-2。

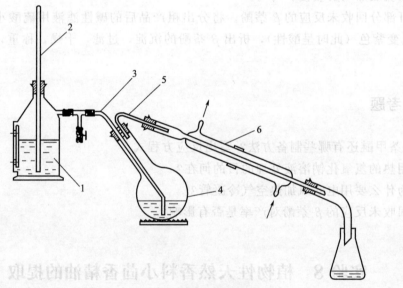

图 3-2　水蒸气蒸馏装置

1—水蒸气发生器;2—安全管;3—水蒸气导管;4—长颈烧瓶;5—馏出液导管;6—冷凝管

四、 主要仪器与试剂

水蒸气蒸馏装置、超声波细胞粉碎机、电热鼓风干燥箱、料理机、调温电热套、标准筛。

小茴香籽。

五、 实验内容

1. 提取

将小茴香籽经 50℃ 热风干燥 12h 至恒重,采用料理机粉碎,过 80 目筛。称取过筛粉碎的小茴香粉末 10g，按照料水比 1：20 放入 500mL 烧杯中，240W 超声处理 100min。随后将料液转入圆底烧瓶中，加热蒸馏萃取精油，称重。

2. 小茴香精油得率计算

$$w = \frac{m}{M} \times 100\%$$

式中，w 为精油得率；m 为精油质量，g；M 为小茴香质量，g。

六、 数据记录

描述小茴香精油的香味，称量精油的质量，计算精油得率。

七、 注意事项

1. 防止水蒸气导管堵塞。
2. 防止冷凝管和尾接管被异物堵塞而发生倒吸。

八、 思考题

1. 影响小茴香精油提取的因素有哪些？
2. 进行水蒸气蒸馏时，蒸汽导入管的末端为什么要插入接近于容器底部的位置？
3. 进行水蒸气蒸馏，被提纯物质必须具备哪些条件？
4. 在什么情况下可采用水蒸气蒸馏？

实验 9　薰衣草精油的提取

一、 实验目的

1. 了解植物性精油的提取技术。
2. 学习和掌握薰衣草花精油的提取方法和操作过程。

二、 产品特性与用途

薰衣草（*Lavandula Angustifolia Mill.*）又名香水植物、灵香草、香草、黄香草、拉文德。属双子叶植物纲、唇形科、薰衣草属的一种小灌木。茎直立，被星状绒毛，老枝灰褐色，具条状剥落的皮层。薰衣草精油是从其花、茎、叶以及种子等器官中提取出来的油类物质。精油中的成分较为复杂，这些成分对抗菌消炎、抗氧化、延缓衰老等具有显著效果。此外，薰衣草作为一种中药药材，具有降血压、防感冒、镇静催眠、缓和情绪、促进细胞再生、修复灼伤与晒伤、改善各种皮肤病症状等作用。研究表明，薰衣草精油能够缓解患者在手术中的焦虑，促进伤口的愈合，对淡化烧伤、烫伤、蚊虫叮咬所造成的疤痕有显著效果。薰衣草的香味浓郁，对人体没有毒副作用，其精油作为一种天然的、无毒性的、环境友好型的芳香植物的提取物在医药、食品、化妆品、日常生活等领域被广泛应用。

此外，薰衣草精油中的芳樟醇等成分可以应用到生物防治，用于驱虫、杀蝇蚊、除螨虫等方面，使用薰衣草精油代替化学杀虫剂，能够有效地减少合成类杀虫剂的使用，从而减轻因使用过多杀虫剂而造成的环境污染。

三、 实验原理

精油的提取方法有很多种，归纳起来有如下九种：榨磨法、水蒸气蒸馏法、有机溶剂蒸馏法、超临界 CO_2 萃取法、超声波辅助萃取法、微波辐照诱导萃取法、吸附法、微胶囊-双水相萃取法和酶提取法。现代精油的提取技术趋向于提取更充分、分离产品纯度更高。在本实验中采用了有机溶剂蒸馏法、超声波辅助提取法提取薰衣草花的精油。

1. 有机溶剂蒸馏法

有机溶剂蒸馏法是用有机溶剂对芳香原料（包括含精油的植物各部分、树脂树胶以及动物的泌香物质等）做选择性的蒸馏，排除那些不重要的成分，有选择地提取香味物质。有机溶剂蒸馏法的优点是操作简单，且可通过选择不同的萃取有机溶剂而有选择地提取致香成分。

2. 超声波辅助提取法

超声波辅助提取的机制包括机械机制、热学机制及空化机制。超声波提取的空化作用是：存在于提取液中的微气泡（空化核）在声场作用下振动，当声压达到一定值时，气泡迅速增长，然后突然闭合，在气泡闭合时产生激波，在波面处造成很大压力梯度，因而产生局部高温高压，温度可达 5000K 以上，压力可达上千个大气压，将植物细胞壁打破，香料得以浸出，从而提高提取率。另外，超声波次级效应，如机械振动、乳化、扩散、击碎、化学效应等，也能加速提取成分的扩散、释放并与溶剂充分混合而利于提取。选择合理的声学参数，使萃取液达到最大空化状态，才能获得良好的提取效果。该方法最大的优点是提取时间短、温度较低、收率高。

四、 主要仪器与试剂

超声波细胞破碎仪、锥形瓶、量筒、保鲜膜、滤纸、天平、平底烧瓶、水浴锅、圆底烧瓶、旋转蒸发仪、漏斗等。

薰衣草干花、正己烷。

五、 实验内容

1. 有机溶剂蒸馏法

称取 10g 薰衣草干花，于 250mL 平底烧瓶中，加入正己烷 75mL，在水浴锅中进行加热回流提取。提取温度为 70℃，提取时间为 1h。取出冷却至室温，过滤。滤出的提取液置于 500mL 圆底烧瓶（旋转蒸发仪上使用的烧瓶，并且事先称好重量为 W_1）中，在 0.80MPa 和 40～45℃ 条件下进行旋转蒸发浓缩到小体积，回收溶剂，挥尽溶剂，称重为 W_2。按下式计算薰衣草精油提取率。

$$w = \frac{(W_2 - W_1)}{M} \times 100\%$$

式中，w 为薰衣草精油提取率；W_2 为收集瓶与精油总质量，g；W_1 为收集瓶的质量，g；M 为薰衣草干花的质量，g。

2. 超声波辅助提取法

称取 10g 薰衣草干花置于 250mL 锥形瓶内，加入 75mL 正己烷，充分浸润后置于超声波容器内。超声处理条件：超声功率 80W，超声时间 30min，超声温度 50℃。超声结束后取出冷却至室温，过滤。滤出提取液置于 500mL 圆底烧瓶（旋转蒸发仪上使用的烧瓶，并且事先称好重量为 W_1）中，在 0.80MPa 和 40～45℃ 条件下进行旋转蒸发浓缩到小体积，回收溶剂，挥尽溶剂，称重为 W_2。按上式计算薰衣草精油提取率。

六、 数据记录

描述薰衣草精油性状，计算提取率。

七、 注意事项

1. 蒸馏瓶内溶液不宜超过容积的 50%。
2. 各接口、密封面、密封圈以及接头安装前，都需要涂一层真空脂。
3. 加热槽通电前必须加水，不许无水干烧。

八、 思考题

1. 影响薰衣草精油提取率的因素有哪些？
2. 有机溶剂蒸馏法和超声波辅助提取法提取薰衣草精油各有什么优点和缺点？

实验 10　玫瑰花精油的提取

一、 实验目的

1. 掌握玫瑰花精油的提取方法。
2. 巩固水蒸气蒸馏法提取植物精油的实验原理和操作步骤。

二、 产品特性与用途

玫瑰是蔷薇科蔷薇属落叶丛生灌木，兼观赏价值和食用、药用价值于一身的多功能经济植物。玫瑰精油是玫瑰产业中最主要的物质，被誉为鲜花油之冠，具有优雅、柔和、细腻、甜香如蜜等特点。由于玫瑰精油品质好且产量少，因此价格昂贵，素有"液体黄金"之美称。新疆和田是全世界较大的玫瑰种植基地之一，主要品种为小枝玫瑰，由于特殊地理气候条件，新疆的玫瑰花品质极佳，是世界公认的出油率最高、香型最佳的玫瑰品种，富含多种维生素、柠檬酸、橙花醇等营养价值良好的护肤成分，可恢复细胞的活力，促进皮层血液微循环及深层细胞水分补充，净化清毒，改善肌肤天然保湿系统的锁水能力，使肌肤水润、柔滑，一支新疆小枝玫瑰的有效成分含量是一支保加利亚玫瑰的 11.56 倍。玫瑰精油还具有活血散瘀、抗氧化、抗菌、抗衰老、通便利尿等多种药理作用。玫瑰精油及其副产品玫瑰露的主要用途是香精香料调配和芳香疗法，以水蒸气蒸馏所得的玫瑰精油为主，溶剂萃取次之。

三、 实验原理

玫瑰精油易挥发、难溶于水、化学性质稳定，所以适用水蒸气蒸馏法。水蒸气蒸馏法是提取玫瑰精油最常用的方法，也是最早使用的一种提取玫瑰精油的方法。水蒸气蒸馏法原理是当原料与水构成精油时，精油不与水互溶，当对混合液体加热时，温度不断升高，精油和水都快速蒸发，随之产生混合蒸气，经过冷凝后会得到水和精油的混合物，再把油、水分开就可以获取玫瑰精油产品。一般可以通过水中蒸馏、水上蒸馏、直接蒸汽蒸馏和水扩散蒸汽蒸馏等方式来提取。本实验采用微波-加盐水蒸气蒸馏提取玫瑰精油，借助微波辐射能破坏玫瑰花瓣组织结构，使精油提取更加快速、彻底，加之盐析作用，玫瑰精油更易被带出，提取效果理想。

四、 主要仪器与试剂

微波炉、水蒸气蒸馏装置、电子天平、烧杯、分液漏斗等。
新鲜玫瑰花瓣、氯化钠。

五、 实验内容

称取 50g 的新鲜玫瑰花瓣放入 500mL 的烧杯中，向其中加入质量分数为 0.4% 氯化钠溶液（盐助剂氯化钠加入后的盐析作用会使玫瑰表皮细胞破坏程度变大，使玫瑰花组织中的精油更易被水蒸气带出，但是氯化钠的浓度不宜过高，过高减小了精油在水中的溶解度），使料液比为 1∶16g/mL，将其放入微波（功率 300W）快速反应系统中预处理 120s，然后将其转移到水蒸气蒸馏装置中进行玫瑰精油的提取，最后将蒸馏得到的油水混合物用分液漏斗进行分离，漏斗上方即为提取的玫瑰精油。称重，记录实验数据。

玫瑰精油提取率的计算

$$w = \frac{m_1}{M} \times 100\%$$

式中，w 为玫瑰精油提取率；m_1 为玫瑰精油质量，g；M 为玫瑰花瓣质量，g。

六、 数据记录

描述玫瑰精油的形态、香型。记录玫瑰精油质量，计算提取率。

七、 注意事项

1. 注意实验装置装与拆的顺序，防止倒吸。
2. 实验温度接近 100℃，注意规范实验操作，防止烫伤。
3. 加入的氯化钠浓度不宜过高，否则会降低精油提取率。

八、 思考题

1. 在本实验中加入 0.4% 氯化钠溶液的目的是什么？
2. 玫瑰精油具有哪些生理活性？

第三节　日用化学品

日用化学品是人们日常生活中所使用的精细化学品，涉及人们生活的各个方面，是日常工作、生活中不可缺少的消费品。其特点是产量小、品种多、质量好、经济效益高、生长过程短、厂房占地面积小。随着人们生活水平的提高和化学工业的发展，化学品得到了快速发展，品种日益增多，其中洗涤用品和化妆品占的比例较大。

广义上，洗涤是从被洗涤对象中除去不需要的成分并达到某种目的的过程，通常指在载体表面去除污垢的过程。在洗涤时，通过一些化学物质的作用以减弱或消除污垢与载体之间的相互作用，使污垢与载体的结合转变为污垢与洗涤剂的结合，最终使污垢与载体脱离。用于洗涤的制品叫作洗涤用品，主要包括洗衣液、洗发水、沐浴露、餐具洗涤剂、硬表面清洗剂等。

化妆品是指以涂敷、揉搽、喷洒等不同方式施于人体皮肤、面部、毛发、口唇、口腔和指甲等部位，起到清洁、保护、美化（修饰）等作用的日常生活用品。它的品种多样，分类方式也各不相同，按作用可分为清洁作用化妆品、保护作用化妆品、营养作用化妆品、美化作用化妆品和防治作用化妆品；按使用部位可分为皮肤用化妆品、毛发用化妆品、指甲用化妆品和口腔用化妆品；按用途可分为清洁用途化妆品、一般用途化妆品、特殊用途化妆品和药效化妆品；按本身的外在形态分为乳剂类化妆品、膏霜类化妆品、粉类化妆品、水类化妆品、膏状类化妆品、笔状类化妆品等。

日用化学品生产绝大多数采用复配技术，具有化学反应少、卫生要求严的特点，多采用间歇式批量化生产，所用设备比较简单，包括混合设备、分离设备、干燥设备及成型包装设备。乳化技术是化妆品生产中最重要的技术，这主要是由于大多数化妆品原料中既有亲水性组分，又有亲油性组分，偶尔还有粉状组分。只有采用良好的乳化技术才能使它们混合为一体，本节实验主要介绍常用的日用化学品的配制。

实验 11　雪花膏的配制

一、 实验目的

1. 了解雪花膏的配制原理及各组分的作用。
2. 掌握乳化操作和雪花膏的配制方法。

二、 产品特性与用途

雪花膏，英文名 vanishing cream，白色膏状乳液，是常用的护肤化妆品。典型的雪花膏的乳化形式为水包油型（O/W）。水相主要含水以及甘油、碱等水溶性物质，而油相主要含高级醇、高级脂肪酸等油脂类。另外，添加一些助剂，如防腐剂、香精等可以改善其性能。雪花膏的 pH 值一般为 5～7，与皮肤表面的 pH 值相近。

雪花膏能保持皮肤的湿度平衡，对皮肤起到保湿的作用。以雪花膏为基料，再添加其他成分，可以制成特殊用途的膏霜，如防晒霜、粉刺霜等。

三、 实验原理

雪花膏通常为水包油型（O/W）乳膏。水相量约为 70%～90%，主要含水溶性的保湿剂、增稠剂、低级醇类以及水等。保湿剂通常选用甘油、丙二醇、山梨醇、甘露糖醇等，能均匀地覆盖在皮肤表面，阻止皮肤水分的蒸发。增稠剂可选用果胶、纤维素衍生物、海藻酸钠等，使乳膏具有一定的黏度。油相量约为 10%～30%，主要是烃类、油脂、蜡类、高级醇等油溶性物质。另外，添加其他助剂，包括防腐剂、螯合剂、抗氧化剂、香精等可以改善乳膏的性能。

雪花膏理化指标包括：膏体耐热、耐寒稳定性，微碱性（pH≤8.5），微酸性（pH＝4.0～7.0）。感官要求包括：色泽、香气和膏体结构（细腻，擦在皮肤上应润滑、无面条状、无刺激、无颗粒感）。

四、 主要仪器与试剂

水浴锅、电动搅拌器、烧杯等。

单硬脂酸甘油酯，工业级，乳白色至淡黄色片状或粉状固体，不溶于水，分散于热水中。溶于乙醇、矿物油、苯、丙酮等热有机溶剂中。熔点 $58\sim59℃$，密度 $0.97g/cm^3$。可用作乳化剂、助乳化剂、稳定剂和保鲜剂等。用于食品加工中面包的软化剂，也用于化妆品膏、霜及乳液的乳化剂。

羊毛脂，工业级，羊毛表面油状分泌物，从洗涤羊毛所得洗液中回收而得。淡黄色半透明固体。无水物的密度约 $0.9242g/cm^3$（40℃）。熔点约 $38\sim42℃$。主要是高级醇类及其酯类。能渗透入皮肤，用于制备化妆品、医药软膏，也用于制革、毛皮等工业。

白油，工业级，无色透明、无嗅、不发荧光的液体油料。由石油重油经减压蒸馏，得到中等黏度的润滑油馏分再经精制而成。按用途分医药用白油和化妆品用白油两种。化妆品用白油用于制备冷霜、发油等化妆品，也用于精密工具、纺织设备等的防锈和润滑等。

十六（烷）醇，工业级，又称鲸蜡醇、棕榈醇。白色晶体，密度 $0.811g/cm^3$，熔点 49℃，沸点 344℃。不溶于水，溶于乙醇、氯仿、乙醚。用作化妆品的软化剂、乳剂调节剂。

十八（碳）醇，工业级，又称硬脂醇。蜡状白色晶体，有香味，熔点 58.5℃，沸点 210.5℃（2kPa）。不溶于水，溶于乙醇和乙醚。用作彩色影片和彩色照相的成色剂，以及用于制备平平加、树脂和合成橡胶。

尼泊金乙酯，工业级，白色结晶，味微苦。不溶于水，易溶于乙醇、乙醚和丙酮。熔点 $115\sim118℃$，沸点 $297\sim298℃$。主要用作有机合成、食品、医药、化妆品等的杀菌防腐剂，也用作饲料防腐剂。

三乙醇胺，工业级，无色黏稠液体，在空气中变为黄褐色。密度 $242g/cm^3$，熔点 $20\sim21℃$，沸点 360℃。溶于水、乙醇和氯仿。可用作化妆品、纺织品的增湿剂。

吐温 80，分析纯，化学名失水山梨醇聚氧乙烯醚单油酸酯，琥珀色油状液体。溶于水和乙醇，不溶于矿物油和植物油。具有乳化、润湿和分散等性能，用作 O/W 型乳化剂。

甘油、蜂蜜、香精、蒸馏水等。

五、 实验内容

1. 配方

雪花膏配方见表 3-10。

表 3-10　雪花膏配方

油相		水相	
成分	质量分数/%	成分	质量分数/%
单硬脂酸甘油酯	6.0	三乙醇胺	1.0
羊毛脂	3.0	甘油	10.0
白油	8.0	吐温 80	1.0
十六醇	3.0	蜂蜜	2.0
十八醇	5.0	香精	0.5
尼泊金乙酯	0.5	蒸馏水	60.0

2. 制备

将油相中的单硬脂酸甘油酯、羊毛脂、白油、十六醇以及十八醇按比例加入 500mL 的烧杯中,加热到 90℃,熔化并搅拌均匀。将蒸馏水、三乙醇胺、甘油、吐温 80、蜂蜜加入另一个 500mL 的烧杯中,加热到 90℃并搅拌均匀。保温 20min 灭菌。在搅拌下将水相慢慢加入油相中,继续搅拌,当温度降至 50℃时,加入防腐剂和香精,搅拌均匀。静置,冷却到室温,调整膏体的 pH 值为 5~7。

六、 数据记录

记录雪花膏产品的颜色、气味、状态,并试用,观察效果。

根据原料的市场价格,核算产品成本。

七、 注意事项

1. 本实验使用的原料无毒,产品对人体皮肤无副作用。
2. 乳化过程中,水相加入油相中需分批加入。

八、 思考题

1. 雪花膏对人体皮肤有何作用?
2. 雪花膏的主要成分有哪些?各起什么作用?

实验 12　液体洗发水的配制

一、 实验目的

1. 了解液体洗发水配方原理。
2. 掌握配方中各组分的作用和添加量。

二、 产品特性与用途

香波是英语"shampoo"的音译，原意是洗发，现已成为人们对洗发膏、洗发乳等各种洗发用品的统称。液体洗发水又称香波。洗发水的发展经历了由椰子油皂为原料的洗发用品到月桂醇硫酸钠为原料的液体乳化型洗发水和膏状乳化型洗发水。近年来的洗发、护发、去头屑、止痒等多功能作用的洗发水已成为洗发的主流产品，被人们广泛应用。

理想的洗发水应具有的性能特点：起泡性好，即泡沫丰富而细腻，在常温下泡沫稳定；有适度的去污能力，不能过分脱脂；洗后头发爽洁、柔软而有光泽；不产生静电、易梳理；性能温和，对皮肤和眼睛刺激性小；能赋予头发自然感和保持良好的发型；能保护头发，促进新陈代谢。此外，还有去头屑、止痒、抑制头皮过度分泌油脂等作用。

三、 实验原理

洗发水最主要的成分为表面活性剂，表面活性剂为洗发水提供了良好的去污力和丰富的泡沫，使其具有较佳的清洗作用。除此之外，其成分还包括抗静电柔软成分，如瓜尔胶，阳离子型表面活性剂季铵盐等；柔软护发成分，如硅油、高黏度硅酯等；还需加入金属离子螯合剂、pH调节剂、防腐剂、香精、珠光剂、止痒去屑成分等。各种添加剂可增加表面活性剂的去污力和泡沫的稳定性，能进一步改善水的洗涤功能，增强调理作用，并与硬水中的钙、镁离子相结合，在洗发后不使"皂垢"黏附在头发上。

选择液体洗发水的配方时应考虑：①产品的形态，膏体或粉状；②产品外观，如色泽、透明度；③泡沫量及稳定性；④容易清洗；⑤洗后头发易于梳理，不产生静电效应；⑥使头发有光泽；⑦对皮肤刺激性小，特别对眼睛要无刺激性。

四、 主要仪器与试剂

电炉、水浴锅、电动搅拌器、温度计、烧杯、托盘天平等。

洗涤剂，常用阴离子、两性离子或非离子表面活性剂，如脂肪醇硫酸盐（AS）、脂肪醇聚氧乙烯醚硫酸盐（AES）、烯基磺酸盐（AOS）、十二烷基二甲基甜菜碱（BS-12）、咪唑啉型甜菜碱（DCM）、氧化胺（OA）、烷醇酰胺（尼诺尔）等。

稳泡剂，具有延长和稳定泡沫作用的表面活性剂，常用烷醇酰胺（尼诺尔）、氧化胺（OA）等。

抗静电剂，常用瓜尔胶、阳离子型表面活性剂。

增稠剂，主要作用是提高洗发水的黏稠度，洗发水中使用的增稠剂有无机盐（NaCl 和 NH_4Cl）、脂肪酸聚氧乙烯酯、氧化胺和水溶性胶质。

澄清剂，是用来保持和提高洗发水透明度的组分，常用的有乙醇、丙二醇和脂肪醇柠檬酸酯等。

赋脂剂，即油性组分。能使头发光滑、流畅，易梳理。赋脂剂多为油、脂、高级醇和酯类组分。

螯合剂，主要作用是降低钙、镁离子在头发上的沉积，常用的螯合剂有 EDTA、EDTA-2Na 和 EDTA-4Na。

珠光剂，主要作用是使洗发水产生珠光，常用的珠光剂有乙二醇硬脂酸酯、聚乙二醇硬脂酸酯、鲸蜡醇和硬脂醇。

防腐剂和抗氧化剂，防腐剂可防止洗发水腐败变质，常用的有尼泊金酯类及其混合物、布罗波尔、凯松等。抗氧化剂可防止洗发水某些成分被氧化，使洗发水酸败，常用的抗氧化剂有二叔丁基对甲酚（BHT）、叔丁基羟基苯甲醚（BHA）和维生素 E 等。

香精和色素，香精的特质香气往往是洗发水品牌的象征；色素能使洗发水具有宜人悦目的色彩，蓝绿色为首选色调。

五、 实验内容

1. 配方

透明洗发水配方见表 3-11。

表 3-11　透明洗发水配方

成分	质量分数/%	成分	质量分数/%
十二烷基硫酸钠（30%）	20.0	香精	适量
十二烷基聚氧乙烯醚硫酸钠（70%）	10.0	尼泊金甲酯	适量
十二酸二乙醇酰胺	4.0		
柠檬酸	0.1	羊毛脂	适量
EDTA-2Na	0.1	蒸馏水	64.8
氯化钠	1.0	色素	适量

2. 制备

先将十二烷基硫酸钠、十二烷基聚氧乙烯醚硫酸钠（AES）溶于盛有热水的烧杯中。由于 AES 浓度高很黏稠，溶解较慢，因此，溶解方式是将 AES 缓慢加入水中，不断搅拌，使其全部溶解后加入十二酸二乙醇酰胺。待完全溶解均匀后，自然冷却至室温（约 1～2h）。再依次加入羊毛脂、EDTA-2Na、防腐剂、香精。加入柠檬酸调节 pH 值至 5.5～7.0，降温，再用氯化钠调整黏度，测量黏度（参考黏度计的使用）。

六、 数据记录

记录洗发水产品的颜色、气味、状态、黏度，并试用，观察效果。

根据原料的市场价格，核算产品成本。

七、 注意事项

1. AES 的溶解是将 AES 缓慢加入热水中，而不是将水加入 AES 中。

2. 柠檬酸需配成 50％溶液，氯化钠为 20％的溶液。

3. 缓慢搅拌才能出现珠光。

八、 思考题

1. 配方中各组分的作用是什么？

2. 对水质有什么要求？为什么？

3. 为什么需要控制液体洗发水的 pH 值？

实验 13　餐具洗涤剂的配制及脱脂力的测定

一、 实验目的

1. 掌握餐具洗涤剂的配制方法。

2. 了解餐具洗涤剂的配方原理及各组分的作用。

3. 了解脱脂力的测定方法。

二、 产品特性与用途

餐具洗涤剂（cleaning mixture）又叫洗洁精，是无色或淡黄色透明液体，由溶剂、表面活性剂和助剂组成。主要用于洗涤各种食品及器具上的污垢。环保安全、洁净温和、泡沫柔细，能迅速分解油腻，快速去污、杀菌，有效彻底清洁餐具上的残留物，简易卫生，使用方便。

三、 实验原理

配制的餐具洗涤剂要满足以下基本要求：①对人体安全无害；②能高效地除去动植物油垢，并且不损伤餐具、灶具等；③用于洗涤蔬菜、水果时，无残留物，不影响外观和原有风味；④产品长期储存稳定性好，不会发霉变质。另外，为了使用方便，餐具洗涤剂要制成透明状，并有适当的浓度和黏度。

餐具洗涤剂的原料主要包括：溶剂（水或有机溶剂）、表面活性剂和助剂等。溶剂主要为水，水作为溶剂，溶解力和分散力都比较大，比热容和汽化热很大，不可燃，无污染。这些都是作为洗涤介质最优良的性质。但水也存在一些缺点，如对油脂类污垢溶解能力差，表面张力大，具有一定的硬度，需经软化处理。用作餐具洗涤剂的表面活性剂主要包括阴离子表面活性剂、非离子表面活性剂。如常用的十二烷基苯磺酸钠和脂肪醇聚氧乙烯醚硫酸钠均属于阴离子表面活性剂，而壬基酚聚氧乙烯醚和脂肪（椰油）酸二乙醇胺均属于非离子表面活性剂。助剂主要包括增稠剂、螯合剂、香精以及防腐剂等。

脱脂力又称洗净率，是餐具洗涤剂最主要的指标，通过脱脂力的测定，可帮助人们筛选餐具洗涤剂的最佳配方。将标准油污涂在已称重的玻璃载片上，用配好的一定浓度的餐具洗涤剂进行洗涤，干燥后称重，即可得出脱脂力。

四、 主要仪器与试剂

水浴锅、电动搅拌器、电子天平、脱脂力测定装置、载玻片、烧杯等。

十二烷基苯磺酸，工业级，棕色黏稠液体，为有机弱酸。溶于水，用水稀释产生热。密度 1.05g/cm³（20℃），黏度 1900mPa·s。用作洗涤剂的原料，也用于生产烷基苯磺酸的铵盐、钠盐和钙盐等。

脂肪醇聚氧乙烯醚硫酸钠（AES），工业级，白色或淡黄色凝胶状膏体，易溶于水。具有优良的去污、乳化和发泡性能，生物降解性大于90％。是液体洗涤剂、泡沫浴剂、洗手剂等的主要原料之一，也可用作纺织工业润滑剂、助染剂、清洗剂等。

壬基酚聚氧乙烯醚（TX-10），工业级，浅黄色黏稠液体，耐硬水能力强。可与阴、阳、非离子表面活性剂配伍，在较宽 pH 值范围内稳定。具有乳化、去污、润湿等性能，可作乳化剂、洗涤剂、润湿剂和消泡剂等。但其生物降解性差，用量呈逐渐减少的趋势。

脂肪（椰油）酸二乙醇胺，工业级，别名尼纳尔、6501。非离子表面活性剂，为淡黄色黏稠液体，可以任意比例与水混溶，具有起泡和稳定作用和去污、分散、增黏特性，有防锈性能。用于配制各种液体洗涤剂、餐具洗涤剂、金属清洗剂、防锈用洗涤剂等，也可用作稳泡剂、增稠剂、缓蚀剂等。

双硬脂酸聚乙二醇（6000）酯，工业级，别名 PEG6000DS、638。白色或微黄蜡状物，可溶于水、甲苯、甘油、异丙醇等。有良好的增稠与调理性、乳化性和稳定性。可作增稠剂、调理剂和洗涤剂等。用于护发素等中作增稠剂和调理剂。

氢氧化钠、氯化钠、乙二胺四乙酸钠（EDTA 二钠盐）、香精、标准油污（植物油20g、动物油 20g、油酸 0.25g、油性红 0.1g、氯仿 60mL 混合均匀）、无水氯化钙、硫酸镁、防腐剂、乙醇以及蒸馏水等。

五、 实验内容

1. 配方

餐具洗涤剂配方见表 3-12。

表 3-12　餐具洗涤剂配方

成分	质量分数/%	成分	质量分数/%
十二烷基苯磺酸	5.0	氢氧化钠	0.5
脂肪醇聚氧乙烯醚硫酸钠	5.0	氯化钠	0.5～1.0
壬基酚聚氧乙烯醚	1.5	香精	0.1
脂肪（椰油）酸二乙醇胺	4.0	防腐剂	0.2
乙二胺四乙酸钠	0.2	蒸馏水	加至 100
双硬脂酸聚乙二醇(6000)酯	2.0		

2. 制备

取 500mL 烧杯加入蒸馏水，用水浴锅加热到 50℃，加入乙二胺四乙酸钠，不断搅拌，溶解后再加入十二烷基苯磺酸，搅拌溶解，加入氢氧化钠，使其完全反应。此过程为放热过程。再加入脂肪醇聚氧乙烯醚硫酸钠（AES），并搅拌完全溶解。依次加入壬基酚聚氧乙烯醚（TX-10）、脂肪（椰油）酸二乙醇胺，并搅拌完全溶解。加入双硬脂酸聚乙二醇（6000）酯（638），并搅拌完全溶解。638 为白色蜡状固体，使用前应粉碎成细小颗粒。加入防腐剂、香精，得到餐具洗涤剂产品，测黏度。

3. 脱脂力的测定

取 3 枚载玻片用乙醇洗净，自然干燥后称重，准确到 0.0001g，将每一枚载玻片完全浸入 20℃ 的油污中，至 0.5cm 高处悬挂，约 3s 后取出，并将载玻片下沿附着处油污用滤纸吸净，立即放在玻片架上在 30℃ 干燥 1h，称重。称取无水氯化钙 0.082～0.083g、硫酸镁 0.123～0.124g，用蒸馏水稀释至 500mL，配制 250×10^{-6} 的硬水。称取 5g 自制洗涤剂，用 250×10^{-6} 的硬水稀释至 500mL 备用。将制好的油污载玻片放入脱脂力测定装置的支架上，取 350mL 配好的洗涤剂溶液倒入烧杯中，在 30℃ 下洗涤 3min（搅拌转速控制在 250r/min）。倒出洗涤液，另取蒸馏水 500mL，在相同条件下漂洗 1min，取出载玻片，在室温下干燥一夜，称重。

六、 数据记录

根据表 3-13 记录餐具洗涤剂的配制及脱脂力的测定的实验数据。

表 3-13　餐具洗涤剂的配制及脱脂力的测定的实验记录表

样品名称	性状	黏度/Pa·s	平均脱脂力/%
餐具洗涤剂			

脱脂力可用下列公式计算，用质量分数表示。

$$w = \frac{B-C}{B-A} \times 100\%$$

式中，A 为未涂油污的载玻片质量，g；B 为涂油污后的载玻片质量，g；C 为洗涤后干燥载玻片质量，g。

根据原料的市场价格，核算产品成本。

七、 注意事项

1. AES 应缓慢加入水中，且在高温下极易水解，因此溶解温度不可超过 65℃。

2. 测定脱脂力时，洗涤温度应保持在 30℃。

八、 思考题

1. 餐具洗涤剂的配制原则有哪些？

2. 餐具洗涤剂的 pH 值一般控制在什么范围? 为什么?

3. 操作过程中, 能否用手指直接接触载玻片? 为什么?

4. 经漂洗后的载玻片为什么要在室温下放置一夜后再称重?

实验 14　通用液体洗衣剂的配制

一、 实验目的

1. 掌握配制液体洗衣剂的配方和工艺。

2. 了解配方中各组分的作用。

二、 产品特性与用途

液体洗衣剂 (liquid detergent) 是一种无色或有色的均匀黏稠液体, 易溶于水, 是一种常用的液体洗涤剂。

液体洗涤剂是仅次于粉状洗涤剂的第二类洗涤制品, 它有着使用方便、溶解速度快、低温洗涤性能好等特点, 还具有配方灵活、制备工艺简单、生产成本低、节约能源、包装美观等诸多显著的优点。随着工艺制造技术的迅速发展, 浓缩化、温和化、安全化、功能化、专业化、生态化已成为液体洗涤剂的发展趋势。

洗衣用的液体洗涤剂也称织物洗涤剂, 可分为两类: 一类是弱碱性液体洗涤剂, 它与弱碱性洗衣粉一样可洗涤棉、麻、合成纤维等织物; 另一类是中性液体洗涤剂, 它可洗涤毛、丝等精细织物。液体洗衣剂既要有较好的去污力, 又要在冬夏季保持透明, 不分层、不浑浊、不沉淀, 并具有一定黏度。

弱碱性液体洗涤剂 pH 值一般控制在 9~10.5, 有的产品是用烷基苯磺酸钠和脂肪醇聚氧乙烯醚复配, 并加无机盐助剂制成的膏状高泡沫液体洗涤剂。

弱碱性衣用液体洗涤剂常用的表面活性剂是烷基苯磺酸钠, 它具有较好的去污效果和较强的耐硬水性, 在水中极易溶解。这种表面活性剂在硬水中的去污力随硬度的提高而减弱, 因此需加入螯合剂去除钙、镁离子, 使用磷酸盐作螯合剂时, 多采用焦磷酸钾, 它对钙、镁离子的螯合能力不如三聚磷酸钠, 但它在水中溶解度较大。此外, 液体洗涤剂一般要求具有一定的黏度和 pH 值, 所以还要加入无机和有机的增黏剂及增溶剂。

中性液体洗衣剂 pH 值为 7~8, 可用来洗涤丝、毛等精细织物。这类产品主要由表面活性剂和增溶剂组成。由于不含助剂, 去污力主要靠表面活性剂, 因此表面活性剂的含量较高, 一般为 40%~50%。活性物含量中一般非离子表面活性剂高于阴离子表面活性剂。由于非离子表面活性剂含量高, 易引起细菌的繁殖, 致使产品变色发臭。可适量加入一些苯甲酸钠和对羟基苯甲酸甲酯等作防腐剂。

三、 实验原理

液体洗衣剂是日常生活中用量最大的一类液体洗涤剂。设计这种洗涤剂时既要考虑性能，也要考虑经济性，需要满足几个基本要求：①去污能力强；②水质适应性强；③泡沫合适；④碱性适中；⑤生产工艺简单。合理的配方设计能使产品具有优良的性能、较低的生产成本和广阔的市场。液体洗涤剂的配方主要由表面活性剂和助剂组成。

阴离子表面活性剂和非离子表面活性剂是液体洗衣剂中的主要成分，质量分数占5%~30%，其中使用最多的是烷基苯磺酸钠。以脂肪醇为起始原料的表面活性剂有脂肪醇聚氧乙烯醚及其硫酸盐和脂肪醇硫酸酯盐等。芳基化合物的磺酸盐、α-烯基磺酸盐、高级脂肪酸盐、烷基醇酚胺等也是液体洗衣剂中使用的表面活性剂。它们是去除污垢的主要成分，主要降低液体界面的表面张力，也起润湿、增溶、乳化和分散的作用。

常用的洗涤助剂主要有如下几种：

① 螯合剂。三聚磷酸钠是最常用也是性能最好的助剂，但它的加入会使液体洗衣剂变浑浊，并污染水体，已逐渐淘汰。乙二胺四乙酸二钠、偏硅酸钠、亚氨基三酸钠等对金属离子的螯合能力强，是较好的洗衣液助剂。也可使用离子交换剂，如4A分子筛等。

② 溶剂。溶剂的作用是溶解活性剂，提高稳定性，降低浊点，还可溶解油脂，起到促进去污的效果。常用的溶剂有去离子水和软化水。

③ 增（助）溶剂。增（助）溶剂是增进表面活性剂与助剂互溶性的助剂，常用的有烷基苯磺酸、低分子醇、尿素。

④ 增稠剂。用于调节体系黏度，改善产品的外观。常用的有机增稠剂有天然树脂和合成树脂，如聚乙二醇酯类、聚丙烯酸盐、丙烯酸-马来酸聚合物等；无机增稠剂有氯化钠、氯化铵、硅胶等。

⑤ 柔软剂。柔软剂主要是使洗后的衣物有良好的手感，柔软，蓬松，防静电，一般洗涤剂中不使用。常用的柔软剂主要是阳离子型和两性离子型表面活性剂。

⑥ 漂白剂。一般洗涤剂中不使用漂白剂。常用的漂白剂有过氧化盐类，如过磷酸盐、过碳酸盐、过焦磷酸钠盐。

⑦ 酶制剂。酶制剂的加入可提高洗涤剂的去污能力。常用淀粉酶、蛋白酶、脂肪酶等。

⑧ 消毒剂。一般洗涤剂中不使用。目前使用的仍是含氯消毒剂，如次氯酸钠、次氯磷酸钙、氯化磷酸三钠、氯胺T、二氯异氰尿酸钠等。

⑨ 碱剂。常用的有纯碱、小苏打、乙醇胺、氨水、硅酸钠、磷酸三钠等。

⑩ 抗污垢再沉积剂。常用的有羧甲基纤维素钠、聚乙烯吡咯烷酮、硅酸钠、丙烯酸均聚物、丙烯酸-马来酸共聚物等。

⑪ 香精。使产品具有让人感到愉快的嗅觉和味觉的物质。

⑫ 色素。常用的色素为有机合成色素、无机颜料、动植物天然色素。

根据它们的性能和欲配制产品的要求，人们可以将上述各种表面活性剂和洗涤助剂选取一定比例进行复配。本实验给出四个通用液体洗衣剂的配方，可任选其中两个进行配制。

四、 主要仪器与试剂

电动搅拌器、烧杯、温度计、电炉、水浴锅、烧杯、量筒、滴管、托盘天平、pH试纸等。

十二烷基苯磺酸钠（ABS-Na，30%）、椰子油酸乙二醇酰胺（尼诺尔，FFA，70%）、壬基酚聚氧乙烯醚（OP-10，70%）、脂肪醇聚氧乙烯醚硫酸钠（AES，70%）、十二烷基二甲基甜菜碱（BS-12，自制）、NaCl、Na_2CO_3、水玻璃（Na_2SiO_3，40%）、三聚磷酸钠（五钠，STPP）、羧甲基纤维素（CMC，5%）、二甲苯磺酸钾、香精、色素、荧光增白剂、防腐剂、去离子水等。

五、 实验内容

1. 液体洗衣剂配方
本实验液体洗衣剂配方见表 3-14。

表 3-14　液体洗衣剂的配方

成分	质量分数/%			
	I	II	III	IV
ABS-Na(30%)	20.0	30.0	30.0	10.0
OP-10(70%)	8.0	5.0	3.0	3.0
尼诺尔(70%)	5.0	5.0	4.0	4.0
AES(70%)(自制)			3.0	3.0
BS-12(自制)			2.0	2.0
二甲苯磺酸钾			2.0	
荧光增白剂			0.1	0.1
Na_2CO_3	1.0		1.0	
Na_2SiO_3(40%)	2.0	2.0	1.5	
STPP		2.0		
NaCl	1.5	1.5	1.0	2.0
色素	适量	适量	适量	适量
香精	适量	适量	适量	适量
防腐剂	适量	适量	适量	适量
CMC(5%)				5.0
去离子水	加至 100	加至 100	加至 100	加至 100

2. 液体洗衣剂配制
按配方将去离子水加入 250mL 烧杯中，将烧杯放入水浴锅中加热，待水温升到60℃，慢慢加入 AES，不断搅拌至全部溶解。搅拌时间约 20min，溶解过程的水温控制在 60～65℃。在连续搅拌下依次加入 ABS-Na、OP-10、尼诺尔等表面活性剂，搅拌至全部溶解。搅拌时间为 20min，保持温度 60～65℃。

在不断搅拌下将 Na_2CO_3、二甲苯磺酸钾、荧光增白剂、STPP、CMC 等依次加入，并使其溶解，保持温度在 60～65℃。停止加热，将温度降至 40℃ 以下，再加入色素、香精、防腐剂等，搅拌均匀。测溶液的 pH 值，并用磷酸调节溶液的 pH<10.5。待温度降至室温，加入 NaCl 调节黏度。对本产品不控制黏度指标。

六、 数据记录

记录产品性状，并试用，计算产品成本。

七、 注意事项

1. 配制洗涤剂时需按次序加料，且必须在前一种物料溶解后再加后一种。
2. 按规定控制温度，加入香精时温度必须小于 40℃，防止挥发。

八、 思考题

1. 液体洗衣剂有哪些优良性能？
2. 液体洗衣剂配方设计的原则是什么？
3. 怎样控制液体洗衣剂的 pH 值？为什么？

实验 15   洗衣膏的制备

一、 实验目的

1. 掌握洗衣膏的配制方法。
2. 了解洗衣膏各成分的作用。

二、 产品特性与用途

洗衣膏也称浆状洗涤剂或膏状洗涤剂，产品呈白色细腻的膏体，成分与重垢洗衣粉相近，优质膏体储存不分层，总固体含量为 55%～60%，优点是在水中溶解快。洗衣膏是洗衣用洗涤剂，不适宜洗头发，更不要用它洗脸、洗澡，产品一般碱性较强。

三、 实验原理

洗衣膏由起降低表面活性及起渗透、乳化等作用的表面活性剂和助剂组成，助洗剂由抗污垢再沉积剂［聚乙烯吡咯烷酮（PVP）、羧甲基纤维素钠（CMC）］、软水剂、三聚磷酸钠、柠檬酸钠等组成。硅酸钠与碳酸氢钠反应产生胶态二氧化硅，使膏体黏稠。无机盐吸收水分，对膏体黏度也有很重要的作用。

四、 主要仪器与试剂

水浴锅、电动搅拌器、温度计、烧杯、量筒、托盘天平、滴管、玻璃棒等。

烷基苯磺酸钠、脂肪醇聚氧乙烯醚、十二烷基硫酸钠、氢氧化钠、羧甲基纤维素钠（CMC）、水玻璃、碳酸氢钠、碳酸钠、三聚磷酸钠、氯化钠、去离子水。

五、 实验内容

将 2g CMC、15g 水加入 200mL 的烧杯中，浸泡 30min，搅拌均匀，待用。另取50mL 的烧杯，加入 2g 十二烷基硫酸钠、17g 去离子水，放入水浴锅中加热溶解。将10g 烷基苯磺酸钠、3g 脂肪醇聚氧乙烯醚加入配制好的十二烷基硫酸钠溶液中，在水浴锅上加热并搅拌均匀，控制温度在 60℃左右。加入 6g 氢氧化钠、配好的 CMC 溶液、15g 水玻璃、3g 碳酸氢钠、15g 三聚磷酸钠、3g 氯化钠，在搅拌下冷却到室温即得到成品。

六、 数据记录

记录产品性状，并试用，与液体洗衣剂的使用效果进行对比，计算产品成本。

七、 注意事项

注意将表面活性剂全部溶解后再继续实验。

八、 思考题

1. 试述各组分的作用。
2. 碳酸氢钠能否在水玻璃前加入？
3. 试分析影响膏体黏度的因素。

第四节　胶黏剂与涂料

　　胶黏剂是一类单组分或多组分的，具有优良粘接性能的，在一定条件下能使被胶接材料通过表面黏附作用紧密地胶合在一起的物质。用作胶黏剂的物质通常可分为天然高分子物质和合成高分子物质两大类。早期以动物胶和植物胶粘接生活用品，直到20世纪初，各种合成树脂和合成橡胶相继出现，促使那些胶合强度高、耐水性能好、综合性能优良的近代合成树脂胶黏剂迅速发展，并开辟了胶黏剂工业发展的新局面，在国民经济建设中起着越来越重要的作用。目前，胶黏剂已广泛应用于木材加工、建筑、电子工业、造船、汽车、机械和宇航等重要工业领域，也大量应用于与人们日常生活有关的包装、家具、造纸、医疗、织物和制鞋等轻工业方面。

　　胶黏剂的组分包括基料、固化剂、填料、溶剂和助剂（如增塑剂、偶联剂、交联剂、促进剂、增韧剂、增强剂、增稠剂等）。基料主要是合成树脂，并非每种胶黏剂都含上述各个组分，除了基料是必不可少的组分之外，其他组分则视性能要求和工艺需要决定取舍。

　　涂料是一种涂覆在物体（被保护和被装饰对象）表面同时能形成牢固附着的连续薄膜的配套性工程材料。早期涂料是以油脂和天然树脂为原料的，随着科学的发展，各种高分子合成树脂得到广泛应用，使涂料产品发生根本变化。目前，涂料已广泛应用于农业、国防、科研、建筑、机械、电子电器、食品包装等行业。

　　涂料的组分包括成膜物质、溶剂、颜料、填料和助剂（增塑剂、催干剂、防沉剂、防结皮剂等）。高分子树脂是涂料的主要成膜物质，可单独成膜，也可与黏结材料等次要成膜物质共同成膜，它是涂料的基础。溶剂一般为有机溶剂或水，主要作用是使成膜物质分散成黏稠液体。颜料常为固体粉末，溶剂挥发后会留在涂膜中，可使涂膜物质呈现色彩，增加厚度，提高力学强度、耐磨性、耐腐蚀性等。

实验 16　水溶性酚醛树脂胶黏剂的制备

一、实验目的

　　1. 掌握酚醛树脂胶黏剂的合成原理及水溶性酚醛树脂胶黏剂的制备方法。
　　2. 了解黏度计的使用方法。

二、产品特性与用途

　　水溶性酚醛树脂胶黏剂（walter-soluble phenolic resin adhesive）为棕色黏稠状透明

液体，碱度小于 3.5%，游离酚质量分数小于 2.5%，树脂质量分数 45%～50%。此胶黏剂以水代替有机溶剂，成本低，污染小，且游离酚含量低，对人体危害小。

水溶性酚醛树脂胶黏剂主要用于制造高档胶合板，黏合泡沫塑料和其他多孔性材料。除此之外，还广泛用于包装、建筑、汽车、电子、制鞋、医疗卫生等行业。

三、 实验原理

酚醛树脂胶是最早用于胶黏剂工业的合成树脂之一。由苯酚（或甲苯酚、二甲苯酚、间苯二酚）与甲醛在酸性或碱性催化剂存在下缩聚而成。随着苯酚、甲醛用量及催化剂的不同，可生成热固性酚醛树脂和热塑性酚醛树脂两类。热固性酚醛树脂是用苯酚与甲醛以小于 1 摩尔比用量，在碱性催化剂（氨水、氢氧化钠）存在下反应制成，一般能溶于乙醇和丙酮。热固性酚醛树脂经加热可进一步交联固化成不溶不熔物。热塑性酚醛树脂（又称线型酚醛树脂）是使用苯酚与甲醛以 1 摩尔比用量，在酸性催化剂（如盐酸）存在下反应制得，可溶于乙醇和丙酮中。由于其线型结构，因此虽加热也不固化，使用时必须加入固化剂（如环六亚甲基四胺），才能使之发生交联，变成不溶不熔物。

在实际使用中，首选热固性酚醛树脂胶黏剂，而热塑性酚醛树脂用量应比热固性树脂少得多。未改性的热固性酚醛树脂胶黏剂品种较多，在国内通用的有三种，分别是钡酚醛树脂胶、醇酚醛树脂胶和水溶性酚醛树脂胶。由于水溶性酚醛树脂胶游离酚含量较低，对人体危害较小，同时，以水为溶剂可节约大量有机溶剂，因此水溶性酚醛树脂胶在这三种胶中是最重要的，本实验为水溶性酚醛树脂胶的制备。反应原理为：

四、 主要仪器与试剂

三口烧瓶、温度计、水浴锅或电热套、电动搅拌器、球形冷凝管、天平、黏度计、吸管等。

氢氧化钠（质量分数 20%）、苯酚、甲醛（质量分数 37%）。

五、 实验内容

将 10g 苯酚及 8mL 质量分数 20% NaOH 加入 100mL 三口烧瓶中，装上搅拌器、温度计和球形冷凝管。加热至 40～45℃，搅拌使苯酚溶解，保温 20～30min，控温在 42～45℃，缓慢滴加 10mL 甲醛（质量分数 37%）。缓慢升温至 70℃，反应 30min，再缓慢升温至 80℃，恒温 5min。缓慢加热滴入 1mL 甲醛（质量分数 37%），保温 20min 之后升温至 90℃，反应 20min。用吸管取样，滴入水中形成白云状胶体，即可降温出料。测定酚醛树脂胶的黏度（参考黏度计的使用方法）。

六、 数据记录

根据表 3-15 记录水溶性酚醛树脂胶黏剂制备的实验数据。

表 3-15　水溶性酚醛树脂胶黏剂制备实验记录表

产品名称	性状	产量/g	黏度/Pa·s
水溶性酚醛树脂胶黏剂			

七、 注意事项

1. 注意控制反应温度和反应时间。
2. 黏度控制在 0.1~0.2Pa·s（20℃）。

八、 思考题

1. 热固性酚醛树脂和热塑性酚醛树脂在甲醛和苯酚配比上有何不同？对各自的树脂结构有何影响？
2. 在整个反应过程中，为什么要逐步有控制地升温？
3. 用于制备胶黏剂的酚醛树脂在合成时应将反应控制在哪一个阶段？为什么？

实验 17　环氧树脂胶黏剂的配制及环氧值的测定

一、 实验目的

1. 掌握双酚 A 型环氧树脂的实验室制法。
2. 了解环氧值的测定方法。
3. 了解一般环氧树脂胶黏剂的配制方法和应用。

二、 产品特性与用途

凡是含有环氧基团的聚合物，总称为环氧树脂，英文名 epoxy resin。环氧树脂品种很多，但以双酚 A 型环氧树脂综合性能最好，产量最大。双酚 A 型环氧树脂占环氧树脂总量的 90%，也是在环氧胶黏剂中应用最普遍、工艺最成熟的一种环氧树脂，有通用环氧树脂之称。

双酚 A 型环氧树脂有低分子量、中等分子量和高分子量三种。双酚 A 型低分子量环氧树脂，学名双酚 A 二缩水甘油醚、E 型环氧树脂，为黄色或琥珀色高黏度透明液体，软化点低于50℃，分子量小于700，易溶于二甲苯、甲乙酮等有机溶剂。

通常采用低分子量环氧树脂胶黏剂，可不用溶剂直接粘接，具有粘接强度高、固化收缩小、耐高温、耐腐蚀、耐水、电绝缘性高、易改性、毒性小和使用范围广等优点，因此，在各个领域都得到了广泛应用，有"万能胶"之称。

三、 实验原理

双酚A型环氧树脂由环氧氯丙烷与双酚A在氢氧化钠作用下聚合制得。

该反应为逐步聚合反应，通常认为它们在氢氧化钠存在的条件下，不断地进行环氧基开环和闭环的反应，即

$$
HO-\!\!\bigcirc\!\!-\overset{CH_3}{\underset{CH_3}{C}}\!\!-\!\!\bigcirc\!\!-OH + \overset{O}{\triangle}\!\!-CH_2Cl \xrightarrow{NaOH}
$$

$$
HO-\!\!\bigcirc\!\!-\overset{CH_3}{\underset{CH_3}{C}}\!\!-\!\!\bigcirc\!\!-O-CH_2-\overset{}{\underset{OH}{CH}}-CH_2Cl \xrightarrow[-NaCl,\ -H_2O]{NaOH}
$$

继续反应下去，即得长链分子，反应通式如下：

$$(n+1)\ HO-\!\!\bigcirc\!\!-\overset{CH_3}{\underset{CH_3}{C}}\!\!-\!\!\bigcirc\!\!-OH + (n+2)CH_2CH-CH_2Cl + (n+2)NaOH \longrightarrow$$

$$+ (n+2)NaCl + (n+2)H_2O$$

环氧基开环反应为放热反应，闭环反应为吸热反应。

两种单体的配比与所得环氧树脂的分子量直接相关，环氧氯丙烷与双酚A的物质的量之比越接近于1，聚合度越高，分子量越大，产物的软化点越高；而环氧氯丙烷过量越多，越有利于形成末端环氧基，得到的环氧树脂分子量越低。另外，缩聚反应的温度、碱的用量及加料顺序对环氧树脂的分子量和结构也有影响。因此，控制不同的配料比和工艺条件，可制得不同规格的环氧树脂。本实验所制环氧树脂为低聚合度、高环氧值的品种，因此，在实验中使用过量的环氧氯丙烷。

环氧值是指每100g树脂中所含环氧基的物质的量。它是环氧树脂质量的重要指标

之一，也是计算固化剂用量的依据。分子量越高，环氧基团间的分子链也越长，环氧值就越低。一般低分子量环氧树脂的环氧值在 0.50～0.57 之间。分子量小于 1500 的环氧树脂，其环氧值测定采用盐酸-丙酮法。反应如下：

$$\text{CH—CH}_2 + HCl \xrightarrow{\text{丙酮}} \text{CH—CH}_2Cl$$

过量的 HCl 用标准 NaOH-C_2H_5OH 溶液回滴。

在环氧树脂结构中含有脂肪族羟基、醚基和极活泼的环氧基，羟基和醚基都有高度的极性，使环氧树脂分子能与临界面产生静电引力，而环氧基团与介质表面的自由基起反应形成化学键，所以环氧树脂的黏合力特别强。

环氧树脂在未固化前是呈热塑性的线型结构，使用时必须加入固化剂，固化剂与环氧树脂的环氧基等反应，变成网状结构的大分子，成为不溶不熔的热固性物质。现以室温下即能固化的乙二胺为例，它是按下列反应进行：

$$4\text{ CH—CH}_2 + H_2N—CH_2CH_2—NH_2 \longrightarrow$$

该反应主要是利用线型环氧树脂分子两端的环氧基与胺分子上的活泼氢反应，使线型分子交联起来。

四、 主要仪器与试剂

三口烧瓶、电动搅拌装置、滴液漏斗、天平、吸量管、容量瓶、锥形瓶、分液漏斗、回流冷凝管、电热套、常压蒸馏装置、减压蒸馏装置、pH 试纸等。

双酚 A、环氧氯丙烷、氢氧化钠、氢氧化钠-乙醇溶液、$AgNO_3$ 溶液、苯、乙二胺、邻苯二甲酸二丁酯、轻质碳酸钙、酚酞指示剂、浓盐酸、蒸馏水、丙酮等。

五、 实验内容

1. 环氧树脂的制备

将 5.5g（0.025mol）双酚 A、7g（0.075mol）环氧氯丙烷加入装有电动搅拌装置、滴液漏斗、回流冷凝管及温度计的三口烧瓶中，搅拌并加热至 70℃，使双酚 A 全部溶解。称取 2g 氢氧化钠溶解在 10mL 水中，置于 60mL 滴液漏斗中。缓慢滴加氢氧化钠溶液至三口烧瓶中，保持反应液温度在 70℃左右，约 30min 滴加完毕。在 75～80℃继续反应 1.5～2h，可观察到反应混合物呈乳黄色，得粗品环氧树脂。

向三口烧瓶中加入 20mL 蒸馏水和 40mL 苯，充分搅拌，倒入分液漏斗，静置分层后，分去水层；油层用蒸馏水洗涤数次，直至分出的水相呈中性、无氯离子（用 pH 试纸和 $AgNO_3$ 溶液试验）。常压蒸馏，除去苯。减压蒸馏，除去苯、剩余的水及未反应的环氧氯丙烷，得到淡黄色透明黏稠液。

2. 环氧值的测定

用吸量管将 1.6mL 浓盐酸滴入 100mL 的容量瓶中，以丙酮稀释至刻度，配成 0.2mol/L 的盐酸-丙酮溶液（现用现配，不需标定）。在锥形瓶中准确称取 0.3~0.5g 环氧树脂样品，准确吸取 15mL 盐酸-丙酮溶液移入锥形瓶。将锥形瓶盖好，放在阴凉处（约 15℃ 的环境中）静置 1h。然后加入两滴酚酞指示剂，用 0.1mol/L 的标准 NaOH 溶液滴定至粉红色，做平行实验两次，作为对照。

3. 胶黏剂的配制和应用

本实验制得的是低分子量环氧树脂。应用实验时可以各种金属、玻璃、聚氯乙烯塑料、瓷片等作为试样。

粘接操作包括对被粘物的表面处理、黏合剂的配制、粘接和固化。

表面处理是为保证胶黏剂与被粘接界面有良好的黏附作用，被粘接材料必须经过表面处理，以除去油污等杂质，保持表面干燥、洁净。

黏合剂的配制按表 3-16 进行。

表 3-16　环氧树脂胶黏剂的配方

成分	质量/g	成分	质量/g
环氧树脂(本实验产品)	10	轻质碳酸钙(填料)	6
邻苯二甲酸二丁酯(增塑剂)	0.9	乙二胺(固化剂)	0.8

先将树脂与增塑剂混合均匀，然后加入填料混匀，加入固化剂，混匀后就可进行涂胶了。

取少量环氧树脂胶涂于试样端面，胶层要薄而均匀（约 0.1mm 厚），把试样对准胶合面合拢，使用适当的夹具使粘接部位在固化过程中保持定位。室温下放置 8~24h 可完全固化，1~4d 后可达到最高的粘接强度。升温可缩短固化时间，例如在 80℃，固化时间不超过 3h。

六、　数据记录

1. 实验记录表

根据表 3-17 记录环氧树脂胶黏剂的制备及环氧值的测定的实验数据。

表 3-17　环氧树脂胶黏剂的制备及环氧值的测定的实验记录

样品名称	性状	环氧值	固化剂质量/g
环氧树脂胶黏剂			

2. 数据处理

环氧值可采用下列公式计算

$$E = \frac{(V_1 - V_2) \, c_{\text{NaOH}}}{m} \times \frac{100}{1000}$$

式中，E 为环氧树脂的环氧值；c_{NaOH} 为 NaOH 溶液的浓度，mol/L；V_1 为平行对照实验消耗的 NaOH 溶液的体积，mL；V_2 为实验消耗的 NaOH 溶液的体积，mL；m 为样品质量，g。

固化剂乙二胺的用量可采用下列公式计算

$$G=\frac{M}{H}\times E$$

式中，G 为每 100g 环氧树脂所需胺的质量，g；M 为胺的摩尔质量，g/mol；H 为胺中活泼氢原子的数目；E 为环氧树脂的环氧值。本实验中乙二胺的摩尔质量取 60.1g/mol，乙二胺中活泼氢原子的数目等于 4。实际用量可在上述公式计算的基础上再增加5%～10%。

七、 注意事项

1. 乙二胺有毒性，有臭味，挥发性大，对眼睛、呼吸道和皮肤均有刺激性，固化时放出大量热，宜在通风橱内进行相关操作。

2. 减压蒸馏后期，物料黏度较大且温度较高，应密切关注蒸馏烧瓶内的毛细管是否堵塞，以防发生事故。

3. 注意胶黏剂配制好后，要立即使用，放置过久会固化变质。用过的容器和工具应立即清洗干净。

八、 思考题

1. 根据所得产品的实测环氧值计算黏合剂配方中乙二胺的用量。

2. 环氧树脂中加入固化剂的作用是什么？固化剂的用量对胶黏剂的性能有什么影响？

3. 本实验中所用氢氧化钠为什么缓慢滴加，而不是一次投入？

实验 18　聚醋酸乙烯酯乳胶涂料的制备

一、 实验目的

1. 掌握自由基聚合反应的原理及乳液聚合的原理和方法。
2. 了解乳胶涂料的特点，掌握配制方法。

二、 产品特性与用途

聚醋酸乙烯酯乳液（PVAc），又称聚醋酸乙烯乳液，俗称白胶或白乳胶，是一种白色黏稠液体，是合成树脂乳液中产量最大的品种之一。具有配制简单，使用方便，固化速度较快，初粘力好，粘接强度较高等优点。但是，这类胶黏剂却存在着耐水性和耐湿性差的缺点，在相对湿度为 65％和 96％空气中的吸湿率分别为 1.3％和 3.5％。此外，其耐热性也有待提高。聚醋酸乙烯酯乳液胶黏剂已用于木材加工、香烟制造、织物粘接、家具、印刷装订、纸塑复合、层压波纹纸箱制造、标签贴签、地毯背衬、建筑装潢等领域。

三、 实验原理

醋酸乙烯酯（VAc）乳液聚合的常用方法有化学法和辐射法。其中，化学法引发 VAc 聚合最为常用，一般采用水溶性的引发剂如过硫酸盐引发单体聚合，以聚乙烯醇来保护胶体，加入乳化剂，所生成的聚合物以微细的粒子状分散在水中形成乳液。

聚合反应采用过硫酸盐为引发剂，按自由基聚合的反应历程进行聚合，主要的聚合反应式如下：

$$S_2O_8^{2-} \longrightarrow SO_4^{\bullet-}$$

$$R^{\bullet} + H_2C=CH \longrightarrow RCH_2CH^{\bullet} + H_2C=CH \longrightarrow$$
$$\qquad\quad |\qquad\qquad\qquad\quad |\qquad\qquad\qquad\quad |$$
$$\qquad OCOCH_3\qquad\qquad OCOCH_3\qquad\qquad OCOCH_3$$

$$R\sim CH_2CH^{\bullet} \longrightarrow R\sim CH_2CH_2 + R\sim HC=CH$$
$$\qquad\quad |\qquad\qquad\qquad\quad |\qquad\qquad\qquad\quad |$$
$$\qquad OCOCH_3\qquad\qquad OCOCH_3\qquad\qquad OCOCH_3$$

为使反应平稳进行，单体和引发剂均需分批加入。此外，由于醋酸乙烯酯聚合反应放热较大，反应温度上升显著，应采用分批加入引发剂和单体的方法。

通常本体聚合、溶液聚合、悬浮聚合都可以用偶氮二异丁腈和过氧化苯甲酰为引发剂，而乳液聚合则用水溶性的过硫酸盐和过氧化氢等为引发剂。对于乳液聚合，一般认为早期的聚合反应在乳化剂的胶束中进行，后期则是在聚合体中，而不是在水相乳化的单体液滴中进行。乳液聚合的产物（乳胶粒子）通常是粒度为 $0.2\sim5\mu m$ 的乳胶液。

传统涂料（油漆）一般使用的是易挥发的有机溶剂，如汽油、甲苯、二甲苯、酯、酮等，以便形成漆膜，不仅成本较高，污染环境，也给生产、储存及施工带来火灾等安全隐患。乳胶漆的出现标志着涂料工业的重大变革，以水为分散介质，克服了使用有机溶剂的诸多缺点，因而得到迅速发展。通过乳液聚合得到的聚合物乳液，聚合物以微胶粒状态分散在水中，当涂刷在物体表面时，随着水分的蒸发，微胶粒互相挤压变形形成连续干燥的漆膜。另外，还要加入颜料、填料以及各种助剂（如成膜助剂、颜料分散剂、增稠剂、消泡剂）等，经高速搅拌均质而形成乳胶漆。

四、 主要仪器与试剂

四口烧瓶、电动搅拌器、温度计、球形冷凝管、滴液漏斗、数显电子恒温水浴锅、天平、搪瓷杯、高速均质搅拌器、烧杯等。

醋酸乙烯酯、聚乙烯醇、乳化剂 OP-10、去离子水、过硫酸铵、碳酸氢钠、邻苯二甲酸二丁酯、六偏磷酸钠、丙二醇、钛白粉、碳酸钙、磷酸三丁酯、蒸馏水、滑石粉。

五、 实验内容

1. 聚醋酸乙烯酯乳液的合成

① 聚乙烯醇的溶解：在烧杯中加入 30mL 蒸馏水和 0.35g 乳化剂 OP-10，搅拌，逐渐加入 2g 聚乙烯醇。加热升温，至 90℃保温 1h，冷却备用。

② 将 0.2g 过硫酸铵溶解，配成质量分数 5％的溶液。

③ 聚合：在装有电动搅拌器、温度计、球形冷凝管、恒压滴液漏斗的上述四口烧瓶中加入 17g 蒸馏过的醋酸乙烯酯和 2mL 质量分数 5％的过硫酸铵水溶液。开动搅拌器，水浴加热，保持温度在 65～75℃。当回流基本消失，温度升至 80～83℃时用滴液漏斗在 2h 内缓慢地、按比例地滴加 23g 醋酸乙烯酯和余下的过硫酸铵水溶液，加料完毕后升温至 90～95℃，保温 30min 至无回流为止。冷却至 50℃，加入 3mL 左右质量分数 5％的碳酸氢钠水溶液，调整 pH-5～6。然后慢慢加入 3.4g 邻苯二甲酸二丁酯。搅拌冷却 1h，即得白色稠厚的乳液。

2. 聚醋酸乙烯酯乳胶涂料的配制

把 20g 去离子水、5g 质量分数 10％的六偏磷酸钠水溶液以及 2.5g 丙二醇加入搪瓷杯中，开动高速均质搅拌器，逐渐加入 18g 钛白粉、8g 滑石粉和 6g 碳酸钙，搅拌分散均匀后加入 0.3g 磷酸三丁酯。继续快速搅拌 10min，然后在慢速搅拌下加入 40g 聚醋酸乙烯酯乳液，直至搅匀为止，即得白色涂料。

3. 性能测定

涂刷水泥石棉样板，观察干燥速度，测定白度，观察光泽，并做耐水性实验。制备好做耐湿擦性的样板，做耐湿擦性实验。

六、 数据记录

记录醋酸乙烯酯乳胶涂料的外观、固含量及干燥时间。

七、 注意事项

1. 聚乙烯醇的溶解必须完全。

2. 在乳液的合成过程中所用水应为去离子水或蒸馏水。

3. 控温一定要严格，否则合成的乳液性能不稳定。

4. 聚合过程：滴加速度要均匀，特别是过硫酸铵的加入；搅拌速度要适当；聚合温度要控制好，升温不宜过快。

八、 思考题

1. 聚乙烯醇在反应中起什么作用？为何要与乳化剂 OP-10 混合使用？

2. 过硫酸铵在反应中起何作用？

3. 试说明配方中各种原料的作用。

实验 19　聚丙烯酸酯乳液涂料的制备与配制

一、 实验目的

1. 巩固自由基聚合反应的原理，以及乳液聚合的原理和方法。
2. 掌握聚丙烯酸酯乳液的合成方法及配制方法。
3. 了解聚丙烯酸酯乳液的性质和用途。

二、 产品特性与用途

聚丙烯酸酯乳液涂料通常是指丙烯酸酯、甲基丙烯酸酯，有时也有用少量的丙烯酸或甲基丙烯酸等共聚的乳液涂料，英文名为 polyacrylatelatex paint，是一种无色或淡黄色黏稠液体，能与钙、镁等金属离子形成稳定络合物。其耐候性、保色性、耐水性、耐碱性均比聚醋酸乙烯酯乳液涂料好，主要用作外墙用乳胶涂料。

三、 实验原理

各种不同的丙烯酸酯单体都能共聚，也可以和其他单体如苯乙烯、醋酸乙烯等共聚。常用的乳液单体配比可以是丙烯酸乙酯质量分数 65%、甲基丙烯酸甲酯质量分数 33%、甲基丙烯酸质量分数 2%；或者是丙烯酸丁酯质量分数 55%、苯乙烯质量分数 43%、甲基丙烯酸质量分数 2%。甲基丙烯酸甲酯或苯乙烯都是硬单体，用苯乙烯可以降低成本；丙烯酸乙酯或丙烯酸丁酯都是软单体，但丙烯酸丁酯要比丙烯酸乙酯更软，其用量也可以更少。

在共聚乳液中，加入少量丙烯酸或甲基丙烯酸，对乳液的冻融稳定性有帮助。此外，在生产乳胶涂料时加氨或碱液中和也起增稠作用。但在和醋酸共聚时，如制备丙烯酸丁酯、醋酸乙烯酯、丙烯酸共聚乳液时，单体应分两个阶段加入。在第一阶段加入丙烯酸和丙烯酸丁酯，第二阶段加入丙烯酸丁酯和醋酸乙烯，因为醋酸乙烯和丙烯酸共聚时可能有酯交换反应发生，生成丙烯酸乙烯，起交联作用而使乳液的黏度不稳定。

聚丙烯酸酯乳胶涂料引发剂常用过硫酸盐；乳化剂可以用非离子型或阴离子型表面活性剂，单体分三四次缓慢均匀加入，主要是为了使聚合时产生的大量热能很好地扩散，使反应均匀进行；分散剂使用六偏磷酸钠和三聚磷酸盐等，或羧基分散剂如二异丁烯顺丁烯二酸酐共聚物的钠盐；除聚合时加入少量丙烯酸、甲基丙烯酸与碱中和后起一定增稠作用外，还加入羧甲基纤维素、羟乙基纤维素等作为增稠剂。

四、 主要仪器与试剂

四口烧瓶、冷凝管、三口烧瓶、温度计、搅拌器、滴液漏斗、电热套、水浴锅、点滴板、酸度计等。

丙烯酸丁酯、甲基丙烯酸甲酯、甲基丙烯酸、过硫酸铵、烷基苯聚醚磺酸钠、丙烯酸乙酯、亚硫酸氢钠、苯乙烯、丙烯酸、十二烷基硫酸钠、金红石型钛白粉、碳酸钙、云母粉、二异丁烯顺丁烯二酸酐共聚物、烷基苯聚磺酸钠、环氧乙烷、羟乙基纤维素、消泡剂、防霉剂、乙二醇、松油醇、氨水、颜料。

五、 实验内容

1. 聚丙烯酸酯乳液合成
下面介绍两种不同配方乳液的合成工艺。
(1) 纯丙烯酸酯乳液
纯丙烯酸酯乳液配方见表3-18。

表 3-18　纯丙烯酸酯乳液配方表

成分	质量分数/%	成分	质量分数/%
丙烯酸丁酯	33	水	余量
甲基丙烯酸甲酯	17	烷基苯聚醚磺酸钠	1.5
甲基丙烯酸	1	过硫酸铵	0.2

将乳化剂烷基苯聚醚磺酸钠加入连有搅拌器、冷凝管、温度计和滴液漏斗的四口烧瓶中，加水搅拌溶解后加热升温至60℃。再加入过硫酸铵和质量分数10%的单体，升温至70℃。如果没有显著的放热反应，可逐步升温至放热反应开始。待升温至80～82℃，将余下的混合单体通过滴液漏斗缓慢而均匀加入，约2h加完，控制回流速度。单体加完后，在30min内将温度升至97℃，恒温30min，冷却，用氨水调pH至8～9。

(2) 苯丙乳液
苯丙乳液配方见表3-19。

表 3-19　苯丙乳液配方表

成分	质量分数/%	成分	质量分数/%
苯乙烯	25	十二烷基硫酸钠	0.25
丙烯酸丁酯	25	烷基酚聚氧乙烯醚	1.0
丙烯酸	1	过硫酸铵	0.2
水	余量		

用烧杯将乳化剂十二烷基硫酸钠和烷基酚聚氧乙烯醚在水中溶解，加入单体，在强力的搅拌下，使之乳化成均匀的乳状液，取1/6乳状液放入三口烧瓶中，加入1/2的引发剂，缓慢升温至放热反应开始，将温度控制在70～75℃，用滴液漏斗缓慢将剩余乳

状液加入三口烧瓶中，并补加余下的引发剂，控制热量平衡，使温度和回流速度保持稳定，反应2h后升温至95～97℃，恒温30min，冷却，用氨水调pH至8～9。

上述两个配方相比，第二个配方中用苯乙烯硬性单体代替甲基丙烯酸甲酯，成本降低，基本也能达到外用乳胶漆的要求，且第二个配方先将单体和乳化剂水溶液乳化，再通过连续加乳状液的方法进行乳液聚合，这样乳液的颗粒度比较均匀，但增加一道先乳化的工序。

2. 聚丙烯酸酯乳液涂料的配方和配制

表3-20给出了几个聚丙烯酸酯乳液涂料的典型配方。

表3-20　聚丙烯酸酯乳液涂料配方举例（质量分数）　　　　单位:%

项目	底漆腻子	内用面漆	外用水泥面漆	外用水器底漆
金红石型钛白	7.5	36	20	15
碳酸钙	20	10	20	16.5
云母粉				2.5
二异丁烯顺丁烯二酸酐共聚物	0.8	1.2	0.7	0.8
烷基苯基聚环氧乙烷	0.2	0.2	0.2	0.2
羟乙基纤维素钠				0.2
羧甲基纤维素钠			0.2	
消泡剂	0.2	0.5	0.3	0.2
防霉剂	0.1	0.1	0.8	0.2
乙二醇		1.2	2	2.0
松节油				0.3
丙烯酸共聚乳液	36	25	40	40
水	35	25	15.8	22
氨水调pH值	8～9	8～9	8～9	9.4～9.7
基料：颜料	1:1.5	1:3.6	1:2	1:1.7

配方中所列举的不同助剂及用量，说明乳液涂料可根据不同的要求和生产成本等因素综合考虑。钛白的用量视对遮盖力高低的要求来变动，内用的考虑白度遮盖力多些，颜料含量高些；外用的要考虑耐候性，乳液的用量相对大些；在木材表面，要考虑木材木纹温度、湿度不同时的胀缩率，因此颜料用量要低些。

配制过程中，先将分散剂、增稠剂的一部分、消泡剂、防霉剂等溶解成水溶液和颜料一起加入搅拌设备中，使颜料均匀分散。然后在搅拌下加入聚丙烯酸酯乳液，搅拌均匀后再缓慢加入增稠剂的另一部分和成膜助剂。最后加入氨水，调pH至呈微碱性。外观为白色稠厚流体。如配制有色涂料，则在最后加入各色色浆配色。色浆用的各种颜料必须先研磨分散得很好，否则在配色时不能得到均匀的色彩。如采用有机颜料时，需先将乳化剂OP-10溶于水中，再加入各色颜料，用砂磨机研磨颜料使其分散至一定程度后使用。在配方中可加入部分乙二醇，研磨时泡沫较易消失，而且色浆也不易干燥。

3. 性能测定

涂刷水泥、木材、三合板样板，记录表干时间和内干时间，测定白度、光泽度，并做耐水性试验。

六、 数据记录

在表 3-21 中记录聚丙烯酸酯乳液涂料的制备与配制的实验数据。

表 3-21　聚丙烯酸酯乳液涂料的制备与配制的实验记录表

项目	性状	耐水性	表干时间/h	内干时间/h	白度/%	光泽度/%
水泥面漆样板						
木材面漆样板						
三合板面漆样板						

用漆刷均匀涂刷在样板表面，观察漆膜干燥情况，用手指轻按漆膜直至无指纹为止，即得表干时间。白度的测定可采用光电白度计，光泽度的测定可采用光泽度仪。

七、 注意事项

1. 乳液配制时要严格控制温度和反应时间。
2. 加入单体一定要缓慢，否则产生暴聚而使合成失败。
3. 丙烯酸酯共聚乳液涂料溶于碱时必须用少量水稀释后加氨水调 pH 至 8～9，调节 pH 值时一定要控制好，否则乳液不稳定。

八、 思考题

1. 聚丙烯酸酯乳液涂料有哪些优点？主要应用于哪些方面？
2. 影响乳状液稳定的因素有哪些？如何控制？
3. 试说出配方中各种原料所起的作用。
4. 颜料、填料为什么要高速均质搅拌？用普通搅拌器或手工搅拌对涂料性能有何影响？

第五节　食品添加剂

食品添加剂是为改善食品品质和色、香、味，根据方法或加工工艺的需要而加入食品中的化学合成或天然物质。按功能可将食品添加剂分为抗氧化剂、防腐剂、漂白剂、膨松剂、乳化剂、色素、着色剂、护色剂、增稠剂、甜味剂、酸味剂等。按食品添加剂安全性评价，可分为 A、B、C 三类。A 类是 JECFA（FAO/WHO 联合国食品添加剂专家委员会）已经制定人体每日允许摄入量（ADI）和暂定 ADI 者；B 类是 JECFA 曾进行过安全评价，但未制定 ADI 值或未进行安全性评价者；C 类是 JECFA 认为在食品中使用不安全或者应该严格限制作为某些食品的特殊用途者。人们对食品添加剂的安全性认识是逐步深入的，随着毒理学、分析测试技术的发展和有关观测数据的积累，食品添加剂的安全评价类别也可能随之发生变化。

实验 20　食品防腐剂山梨酸钾的制备

一、实验目的

1. 了解食品防腐剂的一般知识。
2. 了解山梨酸钾的性质和用途。
3. 掌握山梨酸钾制备的原理和方法。

二、产品特性与用途

山梨酸钾学名己二烯-(2,4)-酸钾，英文名为 potassium sorbate，化学式 $C_6H_7KO_2$，分子量 150.22，是一种不饱和的单羧基脂肪酸，呈无色或白色鳞片状结晶或粉末，无嗅或微有臭味。在空气中不稳定，能被氧化着色，有吸湿性，约 270℃ 熔融分解。易溶于水，溶于乙醇。

山梨酸钾能有效抑制霉菌、酵母菌和好氧性细菌的活性，并保持原有食品风味，常用作食品防腐剂，用于肉、鱼、蛋、禽类制品、果蔬类保鲜，饮料、果冻、软糖、糕点等。我国规定其最大用量为 0.5～2g/kg。

三、实验原理

食品中常常要加入防腐剂，防腐剂可抑制微生物活动，在食品生产、运输、储存和销售过程中减少腐败造成的经济损失。防腐剂能使微生物的蛋白质凝固或变性，干扰其生存和繁殖；改变胞浆膜的渗透性，使微生物体内的酶类和代谢产物逸出，导致其失活；或者干扰微生物的酶系，破坏其正常代谢，抑制酶的活性，从而达到防腐的目的。

食品防腐剂要符合卫生标准，不与食品发生化学反应，防腐效果好，对人体正常功能无影响，使用方便，价格便宜。

山梨酸钾的合成工艺路线有四种：

（1）以丁烯醛（巴豆醛）和乙烯酮为原料

$$H_3CHC = CHCHO + H_2C = C = O \longrightarrow H_3CHC = CHCH = CHCOOH$$

（2）以巴豆醛和丙二酸为原料

$$H_3CHC = CHCHO + CH_2(COOH)_2 \xrightarrow[90\sim100℃]{\text{吡啶}} H_3CHC = CHCH = CHCOOH$$

（3）以巴豆醛与丙酮为原料

$$H_3CHC=CHCHO+CH_2COCH_3 \xrightarrow[\text{Ba(OH)}_2]{\text{缩合}} H_3CHC=CHCH=CHCOCH_3$$

$$\xrightarrow[\text{NaOCl}]{\text{氧化}} H_3CHC=CHCH=CHCOCCl_3 \xrightarrow{\text{NaOH}} H_3CHC=CHCH=CHCOONa$$

（4）以山梨醛为原料

$$H_3CHC=CHCH=CHCHO \xrightarrow[\text{Ag}_2\text{O，O}_2]{\text{氧化}} H_3CHC=CHCH=CHCOOH$$

本实验采用路线（2），将制得的山梨酸与氢氧化钾反应，制得山梨酸钾。

$$H_3CHC=CHCH=CHCOOH+KOH \longrightarrow H_3CHC=CHCH=CHCOOK+H_2O$$

四、 主要仪器与试剂

三口烧瓶、冷凝管、搅拌器、温度计、天平、抽滤装置、热过滤装置、制冰机、冰箱等。

巴豆醛、丙二酸、吡啶、稀硫酸、乙醇、氢氧化钾等。

五、 实验内容

在装有搅拌器、温度计、冷凝管的三口烧瓶中依次加入 9g 巴豆醛、12.5g 丙二酸和 1.3g 吡啶，室温搅拌 20min。待丙二酸完全溶解后，缓慢升温至 90℃，保温 90～100℃，反应 3～4h 后终止反应。

用冰水浴降温至 10℃ 以下，缓慢加入质量分数 10％ 稀硫酸，控制温度低于 20℃，至反应物 pH 达到 4～5，冷冻过夜，抽滤。再用 50mL 冰水分两次洗涤结晶，得山梨酸粗品。将粗品山梨酸倒入烧杯中，加入 3～4 倍质量分数 60％ 的乙醇，加热溶解重结晶，抽滤得纯品山梨酸，称重。

将山梨酸倒入烧杯，加入等物质的量的氢氧化钾和少量水，搅拌 30min，产物浓缩，95℃ 烘干，得到白色山梨酸钾晶体，称重，计算收率。

六、 数据记录

根据反应原理，巴豆醛过量，而计算产物的收率以不过量的原料即丙二酸的投料量为基准。山梨酸钾的制备的实验记录表见表 3-22。

表 3-22　山梨酸钾的制备的实验记录表

产品名称	性状	产量/g	收率/％
山梨酸钾			

七、 注意事项

1. 用稀硫酸调节 pH 值时注意控温。
2. 纯品山梨酸结晶时一定要控制温度在 0～5℃。

八、 思考题

1. 制备山梨酸时，加入吡啶的目的是什么？
2. 制备纯品山梨酸时，为什么要调整产物 pH 值？产物为什么要冷冻过夜？

实验 21　食品防腐剂苯甲酸钠的制备

一、 实验目的

1. 熟悉苯甲酸钠的性质和用途。
2. 掌握苯甲酸钠的制备方法。

二、 产品特性与用途

苯甲酸钠俗名安息香酸钠，是白色鳞片状或针状结晶，熔点 122.4℃，沸点 249℃，带有甜涩味，可溶于水和乙醇。主要用于酱油、醋、果汁、果酱、葡萄酒、琼脂软糖、汽水等的防腐。使用过程中，苯甲酸钠转化为其有效形式苯甲酸，其杀菌、抑菌能力随介质酸度的提高而增强，在碱性介质中失去杀菌、抑菌作用。在食品工业中一般用量小于 2g/kg。此外，也可以用于制备媒染剂、增塑剂、香料等。

三、 实验原理

苯甲酸钠可由甲苯在高锰酸钾或二氧化锰存在下直接氧化，由邻苯二甲酸加热脱羧，或由亚苄基三氯水解而制得。本实验用甲苯经高锰酸钾氧化、酸化再中和制得苯甲酸钠。反应方程式如下：

$$\text{C}_6\text{H}_5\text{CH}_3 + \text{KMnO}_4 \longrightarrow \text{C}_6\text{H}_5\text{COOK} + \text{KOH} + \text{MnO}_2 + \text{H}_2\text{O}$$

$$\text{C}_6\text{H}_5\text{COOK} + \text{HCl} \longrightarrow \text{C}_6\text{H}_5\text{COOH}$$

$$\text{C}_6\text{H}_5\text{COOH} + \text{NaOH} \longrightarrow \text{C}_6\text{H}_5\text{COONa}$$

四、 主要仪器与试剂

三口烧瓶、温度计、回流冷凝管、电动搅拌装置、温度计、天平、冰水浴装置、蒸发皿、抽滤装置。

甲苯、高锰酸钾、浓盐酸、碳酸钠、活性炭、水、亚硫酸氢钠。

五、 实验内容

1. 氧化

在装有电动搅拌装置、回流冷凝管和温度计的 250mL 三口烧瓶中加入 4mL 甲苯和 20mL 水,加热至沸腾。分批加入 12.8g 高锰酸钾,继续加热回流,直到甲苯层几乎消失,回流液不再出现油珠(约 4~6h)。

2. 酸化

将反应混合物趁热减压过滤。滤液如果呈紫色,可加入少量亚硫酸氢钠,使紫色褪去,并重新减压过滤。将滤液在冰水浴中冷却,然后用浓盐酸酸化,直到苯甲酸全部析出为止。将析出的苯甲酸减压过滤,用少量冷水洗涤,得到苯甲酸粗品。苯甲酸颜色不纯,可在适量热水中进行重结晶提纯,并加入活性炭脱色。

3. 中和

向三口烧瓶中加入苯甲酸及 30% 的碳酸钠溶液,加热至 70℃ 进行中和反应。碳酸钠溶液的用量可根据制得的苯甲酸的质量以及苯甲酸和碳酸钠反应的方程式进行计算,实际用量可比理论值略多。反应液的 pH = 7.5 时,停止加热。在中和物料中加入适量活性炭进行脱色,并将反应混合物进行减压过滤,得到无色透明的苯甲酸钠溶液。将滤液转入蒸发皿中,加热、蒸发、浓缩、冷却,析出结晶。减压过滤,自然干燥,得产品。

六、 数据记录

苯甲酸粗品:_____g;外观:_____;收率:_____%。

精制苯甲酸:_____g;外观:_____;收率:_____%。

苯甲酸钠:_____g;外观:_____;收率:_____%。

七、 注意事项

1. 实验中用到甲苯与浓盐酸,甲苯有毒,浓盐酸挥发性较强,注意操作安全。
2. 反应要完全,避免反应液中残存甲苯。
3. 将趁热减压过滤反应混合物时所得滤饼抽干,并均匀压平。用热水洗涤数次,直到滤液近中性为止。取出滤饼烘干，即可回收得到黑色的二氧化锰粉末。

八、 思考题

1. 为什么高锰酸钾要分批加入？
2. 为什么氧化反应要进行到回流液不再出现油珠？
3. 加入亚硫酸钠使紫色褪去的目的是什么？

实验 22　辣椒红色素的分离提取

一、 实验目的

1. 了解辣椒红色素的提取原理。
2. 掌握超声提取辣椒红色素的方法。
3. 了解辣椒红色素的分离方法。

二、 产品特性与用途

辣椒红色素（水溶、油溶）是以辣椒为原料，采用科学方法提取、分离、精制而成的天然色素。主要成分为辣椒红素和辣椒玉红素（辣椒红素的分子式为 $C_{40}H_{56}O_3$，辣椒玉红素分子式为 $C_{40}H_{56}O_4$），为深红色油溶性液体，色泽鲜艳，着色力强，耐光、热、酸、碱，且不受金属离子影响；溶于油脂、丙酮、乙醇等有机溶剂，不溶于水，亦可经特殊加工制成水溶性或水分散性色素。辣椒红色素富含 β-胡萝卜素和维生素 C，具保健功能。可广泛应用于水产品、肉类、糕点、罐头、饮料等各类食品和医药的着色。

三、 实验原理

辣椒红色素是从茄科植物红辣椒中提取出的天然色素。因其色调鲜艳、安全可靠并具有药理作用，不仅被认为是一种理想的天然食品着色剂，而且被广泛应用于制药行业。但是辣椒粉是片状凹凸不平的纤维组织结构，色素及其他脂溶性成分存在于纤维组织之内，采用传统的有机溶剂提取法需要耗费大量有机溶剂和时间才能提取完全。超声提取过程产生强烈的振动、搅拌，与传统提取方式比较具有收率高、生产周期短、无须加热等优点。

旋转蒸发仪的工作原理：通过电子控制，使蒸发烧瓶在最适合速度下恒速旋转以增大蒸发面积。通过真空泵使蒸发烧瓶处于负压状态，蒸发烧瓶在旋转同时置于水浴锅中恒温加热，瓶内溶液在负压下加热扩散蒸发。

辣椒红色素的分离采取柱色谱分离法。在吸附柱色谱中，吸附剂是固定相，洗脱剂是流动相，相当于薄层色谱中的展开剂。吸附柱色谱的基本原理与吸附薄层色谱相同，也是基于各组分与吸附剂间存在的吸附强弱差异，通过使之在柱色谱上反复进行吸附、解吸、再吸附、再解吸的过程而完成的。所不同的是，在进行柱色谱的过程中，混合样品一般是加在色谱柱的顶端，流动相从色谱柱顶端流经色谱柱，并不断地从柱中流出。

由于混合样中的各组分与吸附剂的吸附作用强弱不同，因此各组分随流动相在柱中的移动速度也不同，最终导致各组分按顺序从色谱柱中流出。如果分步接收流出的洗脱液，便可达到将混合物分离的目的。一般与吸附剂作用较弱的成分先流出，与吸附剂作用较强的成分后流出。

四、 主要仪器与试剂

粉碎机、超声波清洗器、旋转蒸发仪、冰箱、锥形瓶、小试管、漏斗、封口膜、滤纸、细针、试管夹、量筒、电子天平、色谱柱、滤纸片、剪刀等。

干红辣椒、柱色谱硅胶、石油醚、丙酮。

五、 实验内容

1. 超声法提取辣椒红色素

将去籽后的干红辣椒粉碎，称取辣椒粉 1～2g 加入 150mL 锥形瓶中，再加入 70mL 丙酮，用封口膜封口，再用细针戳几个小眼，用试管夹夹住锥形瓶放入超声波清洗器中超声 20min。取出后过滤，将滤液转移至旋转蒸发仪中，直至丙酮被完全蒸出，再加入 3～4mL 石油醚，振荡，收集辣椒红色素，于冰箱中储存备用。

2. 柱色谱分离辣椒红色素

取柱色谱硅胶一次加入色谱柱，振动管壁使其均匀下沉，轻轻击打色谱柱，敲平表面，取滤纸片盖住表面。沿管壁缓缓加入洗脱剂石油醚，旋开活塞使洗脱剂缓缓滴出，缓缓加入石油醚，使其均匀润湿沉在管内形成松紧适度的吸附层，并应保持有充足的洗脱剂留在吸附层的上面。加入 0.5～1mL 辣椒红色素样品，随着石油醚洗出，上口即将干时，用石油醚∶丙酮＝10∶1 的洗脱剂，分别收集橙色的类胡萝卜素、红色的辣椒红素、黄色的辣椒玉红素。

六、 数据记录

收集辣椒红色素各种成分，记录现象及体积。

七、 注意事项

1. 丙酮易挥发且有毒，实验中注意避免吸入。
2. 超声提取中应保证锥形瓶直立，切勿斜倒让水流入。

3. 加入石油醚后来回振荡锥形瓶，尽量使辣椒红色素溶解附着在壁上。

八、 思考题

1. 本实验提取辣椒红色素的原理是什么？
2. 根据辣椒红色素所含成分的特点可以采用哪些溶剂进行抽提？各有什么特点？

实验 23　番茄红素的提取

一、 实验目的

1. 了解番茄红素提取的目的及意义。
2. 了解番茄红素提取的方法及原理。

二、 产品特性与用途

番茄红素（lycopene）又称 ψ-胡萝卜素，属于异戊二烯类化合物，是类胡萝卜素的一种。由于最早从番茄中分离制得，故称番茄红素。番茄红素在自然界分布很广泛，在植物中主要是存在于成熟的红色水果和蔬菜中，在秋橄榄浆果中的含量很高，如番茄、西瓜、番石榴、番微果、木瓜、葡萄、草莓、苦瓜籽、萝卜、胡萝卜、红肉脐橙、甜杏、红色葡萄、柚子等；部分动物，如龙虾和螃蟹中也有番茄红素。过去人们一直认为，只有那些具备 β-紫罗酮环并能转化为维生素 A 的类胡萝卜素，如 α-胡萝卜素、β-胡萝卜素等才与人类的营养和健康有关，而番茄红素因缺乏此结构，不具有维生素 A 的生理活性，故对此研究很少。然而，最近研究发现，番茄红素具有优越的性能，不仅具有抗癌抑癌的功效，而且对于预防心血管疾病、动脉硬化等各种成人病，增强人体免疫能力以及延缓衰老等都具有重要意义，是一种很有发展前途的新型功能性天然色素。

三、 实验原理

番茄红素是成熟番茄的主要色素，是一种不含氧的类胡萝卜素，其分子式为 $C_{40}H_{56}$，结构式如下：

番茄红素色泽为红色，纯品为针状深红色晶体，分子量为 536.85，熔点为 174℃，在分子结构上有 11 个共轭双键和 2 个非共轭双键组成的直链型烃类化合物。在 472nm 处有一强吸收峰，当分子从反式变为顺式时，颜色变浅，熔点降低，消光系数减小，吸收峰发生偏移。在类胡萝卜素中，它具有最强的抗氧化活性。番茄红素清除自由基的功效远胜于其他类胡萝卜素和维生素 E，其淬灭单线态氧的速率常数是维生素 E 的 100 倍，是迄今为止自然界中发现的最强抗氧化剂之一。作为脂肪烃，番茄红素不溶于水，难溶于甲醇、乙醇，易溶于乙醚、石油醚、己烷、丙酮、氯仿等极性较小的有机溶剂，因此番茄红素产品通常用极性较小的有机溶剂从天然番茄中提取得到。通过本试验，比较几种提取方法，得出番茄红素提取的较好方法。

超临界流体萃取技术是食品工业新兴的一种萃取、分离和纯化技术，即利用超临界流体作萃取剂，从液体或固体物料中萃取、分离和纯化物料。其技术原理是利用超临界流体的溶解能力与其密度的关系，即利用压力和温度对超临界流体溶解能力的影响而进行的。CO_2 是最常用的萃取剂。

通过本次试验，比较几种提取方法。

四、主要仪器与试剂

色谱仪、分光光度计、搅拌装置、分液漏斗、抽滤机、电子天平、圆底烧瓶、三口烧瓶、锥形瓶、烧杯、回流冷凝管、铁架台、玻璃棒、滴管等。

番茄、三氯甲烷、丙酮、石油醚、环己烷、二氯甲烷、无水乙醇、纤维素酶、饱和氯化钠、无水硫酸钠、果胶酶、石英砂、氧化铝。

五、实验内容

溶剂提取法

1. 提取

称取 30g 新鲜番茄，捣碎，放入 100mL 锥形瓶中，加入 15mL 无水乙醇，装上搅拌装置和回流冷凝管，搅拌回流 5min，抽滤。残渣中加入 15mL 萃取剂，搅拌回流 5min，抽滤。合并抽滤所得液，倒入分液漏斗，加入几滴饱和氯化钠，摇振，静置分层。分出提取液，用无水硫酸钠干燥，水浴蒸干待用。

2. 分离

在色谱柱中塞好棉花，加入十几毫米洗脱液，边倒入氧化铝边轻叩色谱柱，直到得到 10cm 高的氧化铝柱。装柱时保持洗脱液面高于氧化铝，需要时可添加洗脱液。装好的柱不能有气泡和裂缝。氧化铝柱表面放上 0.5cm 厚的石英砂，放走多余的溶剂，直到液面刚刚达到石英砂表面。

将提取的色素溶于 1mL 洗脱液中，用滴管加入柱顶。打开活塞，让色素流到氧化铝柱上，如此反复几次色素完全移入色谱柱。用滴管沿四周加洗脱液，将柱壁上的色素洗下（多次洗脱），当液面降至石英砂表面时，加环己烷-石油醚（1:1）洗脱。黄色的胡萝卜素在柱中移动较快，红色的番茄红素则较慢，收集洗脱液至胡萝卜素在柱中完全消失。然后用极性较大的氯仿作洗脱液洗出番茄红素。将收集到的两个部分用水浴蒸干，待用。

3. 光谱测定

番茄红素用石油醚溶解，定量转移至 10mL 容量瓶中，定容。测定在 300～600nm 处的吸收光谱，以及在最大吸收波长处的吸光度。利用红外光谱，分析峰与相应官能团的关系。

酶反应法

酶反应法是利用番茄皮自身的果胶酶和纤维素酶反应提取番茄红素的方法。提取方法如下：将番茄打浆粉碎后，加碱调节 pH 值至 7.5～9.0，45～60℃加热搅拌 5h 左右，过滤除去表皮、种子和纤维等残渣，得提取液。加酸调节提取液至弱酸性（pH 4.0～4.5），使类胡萝卜素凝聚沉淀，经虹吸除去上部浑浊液，得含类胡萝卜素沉淀。调节沉淀的 pH 值后真空浓缩，然后加酸或氯化钠保存。此外，也可加 0.1% 的果胶酶或纤维素酶，控制酶解时间为 3.5h，酶解温度为 50℃。如将果胶酶和纤维素酶混合使用，果胶酶的加入量为 0.04%，纤维素酶的加入量为 0.07%，作用时间为 2.5h，提取时间为 4h。4000r/min 离心，70℃干燥沉淀物，得样品，称重。

超临界流体萃取

超临界流体是物质的一种特殊相，具有良好的溶剂性质，广泛应用于有机物萃取。具体方法如下：准确称取经捣烂、干燥、粉碎、过 60 目的番茄粉 200g，置于萃取罐中。从钢瓶放出来的 CO_2 经气体净化器后进入液化槽液化（一般液化温度在 0～5℃左右，用氟里昂制冷），流量 30L/h，然后由液压泵经预热器、净化器打入萃取罐，增压到 30MPa，使之成为超临界流体。在萃取罐进行萃取，萃取温度为 45℃。当溶有萃取物的流体从萃取罐进入分离罐，减压后，因 CO_2 溶解能力下降，萃取物与 CO_2 分离，萃取物从分离罐的底部放出，CO_2 从分离罐上部经净化器后进入液化槽循环使用。

六、数据记录

收集番茄红素，描述外观，称重，计算得率，测定其在 300～600nm 处的吸收光谱，以及在最大吸收波长处的吸光度。

七、注意事项

1. 除了干法装柱外，还有湿法装柱：将吸附剂与洗脱剂混合，搅拌除去空气泡，徐徐倾入色谱柱中，然后加入洗脱剂将附着管壁的吸附剂洗下，使色谱柱面平整。等到填装吸附剂所用洗脱剂从色谱柱自然流下，液面和柱表面相平时，即加供试品液。

2. 装柱的时候要平稳，否则容易不均匀，留有气泡。

八、思考题

1. 柱色谱分离的操作要点是什么？

2. 根据本实验的结果，试制定一个从植物材料中提取、分离植物色素并鉴定的一般流程。

实验 24　葡萄籽中原花青素的提取

一、 实验目的

1. 了解原花青素提取的目的及意义。
2. 了解葡萄籽中原花青素提取的方法及原理。

二、 产品特性与用途

原花青素（procyanidins）发现于 18 世纪中期，当时被称为缩合鞣质，后改称缩合单宁，是一类具有特殊生物活性的黄酮类化合物，由不同数量的儿茶素或表儿茶素缩合而成，是由多个结构单元构成的非常复杂的化合物，其结构单元是黄烷-3-醇，主要通过 C—C 键聚合而成。原花青素主要存在于植物界，大多从植物中提取。原花青素是一种强抗氧化剂，在体内具有很强的活性，且在抗自由基氧化方面具有很强的效用，研究表明，原花青素抗自由基的氧化能力是维生素 E 的 50 倍、维生素 C 的 20 倍。原花青素属于天然的植物成分，具有一定的安全性，比其他合成的化学物质更加可靠。原花青素具有抗氧化、抗炎、抗肿瘤、抗辐射、抗肥胖、降血脂及保护心血管系统等多种生物功能，其具有低毒、高生物利用率等特点，在食品、制药及医疗保健、化妆品等领域被广泛应用。

三、 实验原理

新疆葡萄资源丰富，在加工过程中，一般会排出 20%～30%的皮渣废弃物。研究表明，葡萄皮渣中含有较多活性物质，如维生素、矿物质、脂类、蛋白质、糖类、多酚等，其中酚类物质大约占 50%～70%，而原花青素可占到酚类提取物的 95%以上。然而，目前只有少量的皮渣被回收利用，绝大部分只是用作饲料甚至被当作垃圾扔掉，造成了极大的资源浪费。植物原花青素的提取方法主要有有机溶剂提取法、索氏提取法、超临界 CO_2 萃取法以及微波提取法等方法。有机溶剂提取法提取时间长、温度高，严重影响原花青素的组成；索氏提取法时间长，很难放大；超临界 CO_2 萃取法一次性投入大，不能进行工业化大规模生产，产品成本高；微波提取法操作简单，产物纯度高，在植物有效成分提取中被广泛应用。

四、 主要仪器与试剂

粉碎机、超声波清洗器、抽滤泵、高速离心机、柱色谱、恒温水浴锅、锥形瓶、紫外/可见分光光度计、恒温培养箱、电子天平。

葡萄籽、原花青素标准品、乙醇、香草醛、浓盐酸、邻二氮菲、甲醇、磷酸氢二钠、磷酸二氢钠、过氧化氢、石油醚等。

五、 实验内容

1. 原花青素粗提取液的制备

将葡萄籽样品自然风干、粉碎后过 60 目筛，准确称取 2g 葡萄籽粉加入 250mL 锥形瓶中，加入 30mL40％乙醇溶液浸泡，置于超声波清洗器中搅拌浸提 5min。将提取液加入离心管中，以 5000r/min 离心 10min，提取上清液。重复操作三次，合并上清液，过滤，将上清液定容至 50mL，用甲醇定容至刻度，摇匀，得到粗提液。

2. 原花青素标准曲线绘制

称取原花青素标准品 25mg，用甲醇定容至 25mL，分别取 1mL、2mL、3mL、4mL、5mL 上述溶液用甲醇定容至 10mL，各加入 6mL40g/L 香草醛-甲醇溶液和 3mL 盐酸，摇匀，30℃水浴避光静置 1h。以甲醇为空白，测定 500nm 处吸光度，以花青素浓度（mg/mL）为横坐标，吸光度为纵坐标，绘制原花青素标准曲线。

3. 原花青素提取率的计算

取 1mL 定容后的葡萄籽原花青素粗提液于试管中，采用香草醛-盐酸法测定其在 500nm 处吸光度，根据标准曲线计算样品中的原花青素浓度，利用下列公式计算样品中原花青素的得率。

$$E = \lambda Vc/M \times 100\%$$

式中，E 为样品中原花青素的提取率；λ 为样品溶液稀释倍数；V 为提取液的体积，mL；c 为样品中花青素浓度，$\mu g/mL$；M 为称取葡萄籽质量，g。

六、 数据记录

根据上述公式计算原花青素的提取率并参照表 3-23 记录相应数据。

表 3-23 葡萄籽原花青素提取的实验记录表

产品名称	性状	产量/g	提取率/%
原花青素			

七、 注意事项

1. 葡萄籽提取原花青素需要先脱脂，脱脂方法对原花青素的提取率和质量有较大的影响。

2. 油脂分离后，一般采用乙醇或丙酮对葡萄籽壳进行萃取，加热可脱除溶剂，溶剂可循环使用。

八、 思考题

1. 原花青素提取率的影响因素有哪些？
2. 采用香草醛-盐酸法测定原花青素提取率的原理是什么？

第六节　农药

农药是重要的精细化学品，在保护农作物，防止病虫、草害，消灭害虫（蚊、蝇、鼠），改善人类生存环境，控制疾病，提高产品质量等方面发挥重要作用。农药按防治对象的不同可分为杀虫剂、除草剂、杀菌剂、杀鼠剂、植物生长调节剂等。能消灭害虫、草害的化学试剂很多，但用作农药使用时，必须对人、畜、作物、水生生物和昆虫天敌是无害的。衡量一种农药质量优劣的标准中，最主要的是安全性和药效，而安全性是首要的。新农药在注册登记时，必须提交整套有关安全性的资料，如药效和药害实验、毒性和代谢实验、残留实验、对环境的影响实验、农药制剂分析实验等。因此，要达到安全性要求，开发新品种农药，需要农学、生物学、化学等多学科、多专业的协作才能完成。

实验 25　有机磷杀虫剂对硫磷的合成

一、 实验目的

1. 了解对硫磷的杀虫机理。
2. 学习乙醇-酚钠法合成对硫磷的原理和方法。

二、 产品特性与用途

对硫磷（parathion）也叫 1605，其结构为：

对硫磷为无色油状液体，工业品呈黄色，并略带蒜臭味；不溶于水，可溶于多种有机溶剂；在碱性介质中迅速分解，在中性或微酸性溶液中稳定，对紫外光和空气均不稳定；熔点 6℃，沸点 375℃，相对密度 1.2656，折射率 1.5370（25℃）。

对硫磷为广谱性杀虫剂，具有触杀、熏蒸等作用，无内吸传导作用，但能渗入植物体内，对植物无药害，残效期约一周。杀虫效果好，高温时杀虫作用显著加快。可用于防治棉花、苹果、柑橘、梨等果树害虫和水稻螟虫、叶蝉等，还可用于拌种防治地下害虫。属高毒类农药，已被国家禁用。

有机磷杀虫剂能抑制虫体内的胆碱酯酶。有机磷杀虫剂与胆碱酯酶作用时，主要是与胆碱酯酶的羰基部位发生作用，先生成中间复合物，而后分解生成磷酰酶，其反应为：

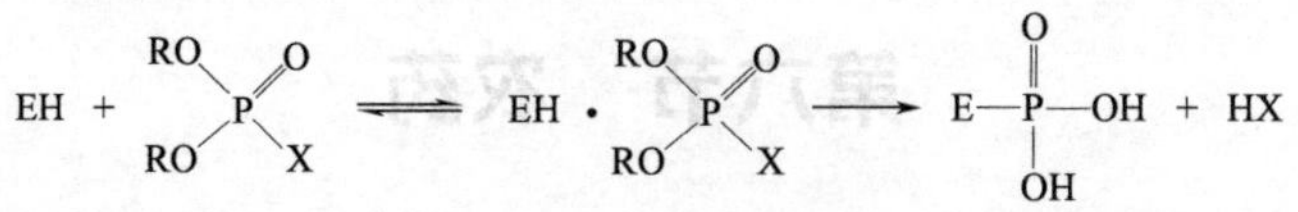

磷酰酶水解生成磷酸酯和胆碱酯酶，胆碱酯酶复活。但磷酰酶比较稳定，在昆虫体内难以水解，所以胆碱酯酶难以复活，使害虫中毒而死。

三、 实验原理

三氯硫磷与乙醇反应，生成 *O*,*O*-二乙基硫代磷酰氯，再由二乙基硫代磷酰氯在三甲胺催化下与对硝基酚钠反应即可制得对硫磷，反应方程式如下：

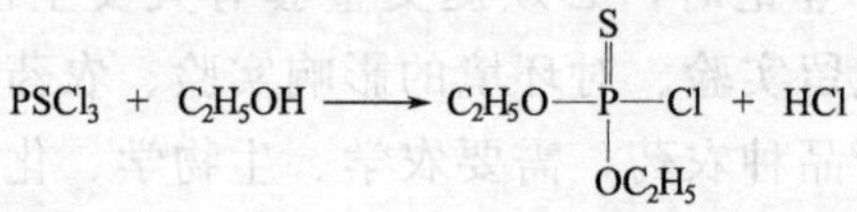

三氯硫磷　　　　二乙基硫代磷酰氯

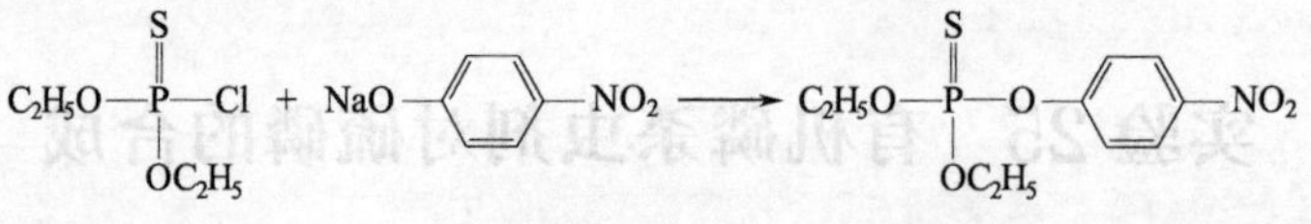

对硫磷

四、 主要仪器与试剂

四口烧瓶、球形冷凝管、分液漏斗、电动搅拌器、滴液漏斗、温度计、烧杯、量筒、布氏漏斗、抽滤瓶、真空泵或循环水泵。

三氯硫磷、无水乙醇、氢氧化钠、三甲胺、对硝基酚钠、盐酸、二甲苯、水、无水硫酸镁。

五、 实验内容

1. 二乙基硫代磷酰氯的制备

于 100mL 已干燥的四口烧瓶中加入 17.5mL 无水乙醇和 20.3mL 三氯硫磷，加热温度控制在 25～30℃，反应 35min 后缓慢加入固体碱粉（氢氧化钠），控制反应温度为 0～5℃，待 pH 值达到 9～10 时再反应 30min。产物倾入 125mL 分液漏斗中，用 100mL 水分两次洗涤产物，分去洗水后，产物用少量无水硫酸镁干燥，得二乙基硫代磷酰氯。

2. 对硫磷的制备

向 100mL 四口烧瓶中加入 15g 对硝基酚钠和 15mL 水，用盐酸调整 pH 值为 9～10，控制温度为 35℃，加入 21mL 二乙基硫代磷酰氯。然后用滴液漏斗于 20min 滴加 3mL 质量分数为 30% 的三甲胺溶液，保持温度 35～45℃，反应 1h。将产物转入分液漏斗中，加入 5mL 二甲苯，振荡后再用 120mL 80℃ 热水分两次洗涤产物，分水后得对硫磷原油。

六、 数据记录

记录对硫磷原油的性状及质量。

七、 注意事项

1. 合成二乙基硫代磷酰氯时，加入碱粉要缓慢，否则 pH 值无法控制，同时必须控温。

2. 合成对硫磷时，加入对硝基酚钠和水后要搅拌溶解，若 pH 值在 9～10，可不加酸调 pH 值。

八、 思考题

1. 简述对硫磷类有机磷杀虫剂杀虫的原理。

2. 二乙基硫代磷酰氯合成中要加入碱粉，为什么此时要控制温度为 0～5℃？用什么方法来控温？

3. 对硫磷合成后，加入二甲苯的作用是什么？

实验 26　植物生长调节剂对氯苯氧乙酸的合成

一、 实验目的

1. 掌握对氯苯氧乙酸的合成原理及后处理方法。

2. 了解对氯苯氧乙酸作为植物激素在农作物中的应用。

二、 产品特性与用途

植物生长调节剂具有调节植物某些生理机能、改变植物形态、控制植物生长的功能，最终达到增产、优质或有利于收获和储藏的目的，它与构成细胞和供给能量的物质如糖类、脂肪和蛋白质的不同之处是植物生长调节剂在植物体内含量虽少，但对植物的生长和发育却能发挥很大的生理效应。

植物生长调节剂作用于不同的作物可达到不同的目的，如插条生根，加速植物繁衍，防止收获前落果，提高结果率和诱致无籽番茄的形成，抑制果树枝条陡长，增加单位面积产量，提高植物抗倒伏能力，提高植物抗旱、抗寒、抗盐碱能力等。

对氯苯氧乙酸（p-chlorophenoxyacetic acid），又称防落素，简称 PCPA，分子式 $C_8H_7ClO_3$，分子量 186.5，熔点 157~159℃。纯品 PCPA 为白色晶体，性质稳定，微溶于水，易溶于醇、酯等有机溶剂。

对氯苯氧乙酸是一种具有生长素活性的苯氧类植物生长调节剂，主要用于防止落花、落果，抑制豆类生根，促进坐果，诱导无核果，并有催熟增长作用。

三、 实验原理

实验室合成 PCPA，常以氯乙酸与对氯苯酚为原料，在碱性条件下反应：

$$ClCH_2COOH + NaOH \longrightarrow ClCH_2COONa + H_2O$$

$$Cl\text{—}\langle\ \rangle\text{—}OH + NaOH \longrightarrow Cl\text{—}\langle\ \rangle\text{—}ONa + H_2O$$

$$Cl\text{—}\langle\ \rangle\text{—}ONa + ClCH_2COONa \longrightarrow Cl\text{—}\langle\ \rangle\text{—}OCH_2COONa + NaCl \xrightarrow{H^+} Cl\text{—}\langle\ \rangle\text{—}OCH_2COOH$$

四、 主要仪器与试剂

三口烧瓶、电动搅拌器、滴液漏斗、温度计、球形冷凝管、天平、烧杯、水浴锅等。

氯乙酸、烧碱、对氯苯酚、盐酸、氢氧化钠、蒸馏水等。

五、 实验内容

称取 6.4g（0.05mol）对氯苯酚，在烧杯中用 16mL 质量分数 30％的 NaOH 溶液溶解，于冷水中冷却。然后加入装有电动搅拌器、温度计、球形冷凝管的三口烧瓶中。再称取 5.7g（0.06mol）氯乙酸在烧杯中，加入 5.7mL 蒸馏水溶解，倒入滴液漏斗中，控温 20~40℃，于 30min 内滴加完毕。升温至 85~90℃，若有白色晶体析出，加 10mL 热水，继续在沸腾水浴下反应 0.5~1h，趁热将反应物料倒入盛有 65mL 热水的烧杯中，于 70℃左右用浓盐酸酸化至 pH＝2，静置，抽滤，用蒸馏水洗涤滤饼 2~3次。用 1：3 的乙醇-水溶液重结晶，干燥，称重，计算产率，测熔点。

六、 数据记录

根据表 3-24 记录对氯苯氧乙酸的合成实验数据。

表 3-24 对氯苯氧乙酸的合成实验记录表

样品名称	性状	产量/g	产率/%	熔点/℃
对氯苯氧乙酸				

七、 注意事项

1. 滴加氯乙酸溶液过程中，只搅拌，不加热，滴加氯乙酸的速度不能太快，否则引起剧烈反应。

2. 氯乙酸有毒性、腐蚀性，在反应过程中需戴橡胶手套，并在通风橱中操作。

3. 酸化时，将滤液倒入酸中，不能反过来将酸倒入滤液中。

4. 纯化后的产品用蒸汽浴干燥。

八、 思考题

1. 解释在温度 85～90℃时，析出的白色晶体是什么？并简单解释。

2. 对氯苯酚溶于 NaOH 时，为什么要控制较低温度？

实验 27 新疆特色杀虫活性植物提取物杀虫活性测定

一、 实验目的

1. 了解新疆特色杀虫活性植物。
2. 掌握植物活性成分的提取方法。
3. 了解杀虫活性测定方法。

二、 产品特性与用途

新疆是我国生物多样性特殊地区之一，植被历史悠久，植物区系独特，植物资源丰富，尤其是由于地理位置独特，蕴藏了许多干旱区所特有的植物资源。这些天然植物被广泛用于农牧业、林业和医药生产。不少已在农业实践中使用，如无叶假木贼、苦豆子、骆驼蓬、乌头、棘蓼等。

近几年采用化学农药防治蚜虫效果不理想，且对农田生态环境危害很大。应用植物性杀虫剂防治害虫具有广阔的前景，这类杀虫剂对环境无污染，对人、畜、农作物、生态环境相对安全，害虫不易产生抗药性。这些特点既符合人们对理想杀虫剂的要求，又符合农业可持续发展战略的要求。

利用植物体内的次生代谢产物开发与环境和谐的农药已成为当今杀虫剂研究的热点。植物自身代谢物是植物在长期生存竞争中为抵御逆境伤害所形成的，往往具有某些特异的生物活性，这些具有杀虫活性的植物不仅可得到具有实用价值的化合物，而且为新农药的研究提供了新的思路。

三、 实验原理

苦豆子（*Sophoraalopecuroides* L.）系豆科槐属植物，广泛分布于我国西北各省区，其次生代谢物质中含量丰富的喹诺里西定（quinolizidine）类生物碱，对植物害虫具有一定的毒杀作用。骆驼蓬（*Alpaca* L.）系藜科属植物，富含 β-咔唑类生物碱和喹唑啉类生物碱，可用作杀菌剂、杀虫剂。刺山柑（*Capparisspinosa* L.）为山柑科植物刺山柑的干燥果实，具有较强的生物活性，对棉蚜虫有较好的触杀作用。

植物活性成分的提取主要采用溶剂提取法，根据植物中各种成分在溶剂中的溶解性，选用对活性成分溶解度大、对不需要溶出成分溶解度小的溶剂，而将有效成分从植物组织内溶解出来。当溶剂加到植物原料中时，溶剂通过扩散、渗透作用通过细胞壁透入细胞内，溶解可溶性物质，而造成细胞内外的浓度差，细胞内的浓溶液不断向外扩散，溶剂又不断进入药材组织细胞中，多次往返，直到细胞内外溶液浓度达到动态平衡时，将此饱和溶液滤出，再加入新溶剂，可把所需成分大部分溶出。

采用超声波或微波辅助提取植物活性成分是近年来逐渐受到重视的一种较新的方法。一般而言，超声波或微波辅助提取能大幅地缩短提取时间，消耗溶剂少，浸出率高，提取效率更高。

四、 主要仪器与试剂

筛子、超声波清洗器、烧杯、量筒、旋转蒸发仪器、磁力搅拌器、干燥箱、天平、水浴锅、纱布、玻璃罩等。

苦豆子、骆驼蓬、刺山柑、N,N-二甲基甲酰胺（DMF）、乙醇、氯仿、盐酸、氨水、氯化钠、无水硫酸钠、吐温 80、蒸馏水等。

五、 实验内容

1. 植物活性成分的提取

将采集的新鲜植物材料洗净，在室内阴干后放入干燥箱内，在 $40\sim50℃$ 烘干，粉碎，过 40 目筛。称取 10g 植物粉末，以 0.3％盐酸溶液渗滤，将滤液减压浓缩成膏状，用95％乙醇溶解后放入超声波清洗器中超声 20min，取出静置 15h，过滤，沉淀物反复用乙醇处理 3 次，合并乙醇溶液，旋转蒸发乙醇至膏状，用氨水碱化至 pH 9～10，加氯化钠至饱和，用氯仿萃取数次。收集氯仿液，加无水硫酸钠脱水后回收氯仿，即可得植物浸膏。

2. 药剂的配制

准确称取植物源提取物 50mg 于 200mL 的烧杯中，加入 0.1mLDMF 溶解样本，再滴加2滴吐温80，加99.9mL蒸馏水并搅拌均匀，得到500mg/mL的药液，待测。

3. 室内生物活性测定方法

采用喷雾法，将寄生棉蚜的新鲜棉叶采来置入培养皿，剔除多余的蚜虫，每片叶子保留大小较均匀的无翅成蚜30头，将提取的植物药液配成一定浓度，对其进行定量喷洒。每皿放置1片棉叶，皿内放滤纸保湿。为防止棉蚜逃逸，用胶带封住培养皿并用针扎孔，并以提取溶剂为空白对照。分别于24h、48h后观察结果，记录死虫数。试虫能爬行、能站立或六条腿能剧烈运动的均为活虫。计算死亡率和校正死亡率，公式如下：

$$校正死亡率 = \frac{处理死亡率 - 对照死亡率}{1 - 对照死亡率} \times 100\%$$

六、 数据记录

采用表3-25记录实验结果。

表3-25 新疆特色杀虫活性植物提取物杀虫活性测定实验结果

样品名称	性状	产量/g	得率/%	处理死亡率	校正死亡率
苦豆子浸膏					
骆驼蓬浸膏					
刺山柑浸膏					

七、 注意事项

1. 本实验中的供试样品浓度为粗提物浓度，而植物中的有效杀虫活性成分含量很低，若进一步纯化，其杀虫活性可能会进一步提高。

2. 本实验提取剂还可以选用石油醚和乙酸乙酯。

八、 思考题

1. 选用溶剂提取法提取植物活性成分的原理是什么？

2. 试比较乙醇、石油醚、乙酸乙酯的极性，讨论采用哪一种溶剂提取效率高？

第七节　颜料与染料

染料是能使其他物质获得鲜明而牢固色泽的有机化合物。并非任何有色物质都能当作染料使用，它必须满足应用方面的要求，必须对被染的基质有亲和力，能被吸附或能溶解于基质中，这样才能使最终的色泽鲜艳而持久。

染料的应用主要有三种途径：第一是染色，即染料由外部进入被染物的内部，从而使被染物获得颜色，如各种纤维、织物及皮革的染色；第二是着色，即在物体形成最后固体形态之前，将染料分散于组成物中，成型后得到有颜色的物体，如塑料、橡胶制品及合成纤维的原浆着色等；第三是涂色，即借助于涂料作用，使染料附于物体表面，使物体表面着色，如涂料印花和油漆等。

染料主要应用于各种纤维的染色，同时也广泛应用于塑料、橡胶、油墨、皮革、食品、造纸、感光胶片等工业及办公自动化领域。随着现代技术的发展，染料不仅从染色方面满足人们的物质和文化的需要，而且在激光技术、生物医学等近代科学技术的发展中发挥着巨大作用。

一般按应用对象将染料分为酸性染料、中性染料、活性染料、分散染料、直接染料、冰染染料、还原染料、阳离子染料。为更好地利用现有产品，广泛采用复合染料和新染色方法，国内外的科研方向是研究全新结构的染料。

颜料是不溶性有色物质的小颗粒，它常常分散悬浮于具有黏合能力的高分子材料中。颜料包括有机颜料和无机颜料两大类。

无机颜料通常在耐光、耐候、耐热、耐溶剂性、耐化学腐蚀及耐升华等方面都比有机颜料好。但在色调的鲜艳度、着色力等方面则比有机颜料差。无机颜料中白色颜料主要有钛白、锌白、锑白、铅白、锌钡白，黄色颜料有铬黄、铬黄锑和钛黄，红色有铁红、镉红、铜红和红丹，蓝色有铁蓝、钴蓝和群青，黑色有炭黑、石墨，绿色有铬绿、锌绿、钴绿、铁绿等。

有机颜料为不溶性的有色有机物，不溶于水和所有介质。有机颜料与染料的区别在于它与被着色物体没有亲和力，常以高度分散状态通过胶黏剂或成膜物质将有机颜料附着在物体表面，或混在物体内部而着色。有机颜料与无机颜料相比，通常具有较高的着色力，颗粒容易研磨和分散，不易沉淀，色彩鲜艳，但多数耐晒、耐热、耐气候性能较差。有机颜料除用于油墨、颜料外，还用于合成纤维的原浆着色，织物的涂料印花，塑料、橡胶及文教用品等的着色。

有机颜料的应用性能除取决于其化学结构外，还与颜料的品相、粒度、表面特性等物理性能有关。颜料由于分子排列的不同，可形成不同的晶相，不同的晶相可在合成或颜料化过程中调整。对有机颜料进行表面处理可改进其应用性能。

实验 28　活性艳红 X-3B 的制备

一、 实验目的

1. 掌握活性艳红 X-3B 的制备方法。
2. 掌握缩合、重氮化、偶合反应的机理。

二、 产品特性与用途

活性染料又称反应性染料，其分子中含有能与纤维素反应的基团，染色时与纤维素形成共价键，生成"染料-纤维"化合物，因此这类染料的水洗牢度较高。这类染料的分子结构包括母体染料和活性基团两个部分。活性基团一般通过某些联结基与母体染料相连。活性染料根据母体染料的结构可分为偶氮型、酞菁型、蒽醌型等；按活性基团可分为 X 型、K 型、KD 型、KN 型、M 型、E 型、P 型、T 型等。

活性艳红 X-3B 为枣红色粉末，其水溶液呈蓝光红色，在浓硫酸中为红色，在浓硝酸中为大红色，稀释后颜色均无变化；遇铁离子对色光无影响，遇铜离子使色光转暗；20℃时的溶解度为 80g/L，50℃时的溶解度为 160g/L。可用于棉、麻、胶黏纤维及其他纺织品的染色，也可用于羊毛、蚕丝、锦纶的浸染，还可用于丝绸印花，并可与直接染料、酸性染料同印；可与活性蓝 X-R、活性金黄 X-G 组成三原色，拼染各种中、深色泽，如草绿、墨绿、橄榄绿等，色泽丰满，但储存稳定性差。

三、 实验原理

活性艳红 X-3B 为二氯均三嗪型（即 X 型）活性染料，其母体染料的制备方法与一般酸性染料相同，可用预先制备的母体染料与三聚氯氰缩合引进活性基团。若以氨基萘酚磺酸作为偶合组分，为避免副反应发生，通常先将氨基萘酚磺酸与三聚氯氰缩合，这样偶合反应就可完全发生在羟基邻位。

活性艳红 X-3B 的制备方法：先用 1-氨基-8-萘酚-3,6-二磺酸（H 酸）与三聚氯氰缩合，再与苯胺重氮盐偶合。反应方程式如下：

1. 缩合

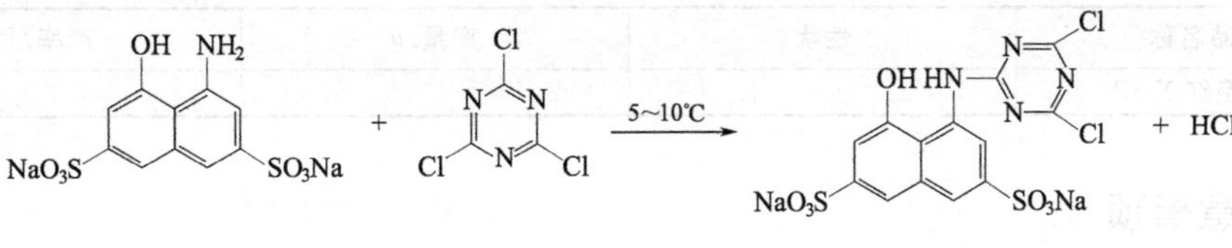

2. 重氮化

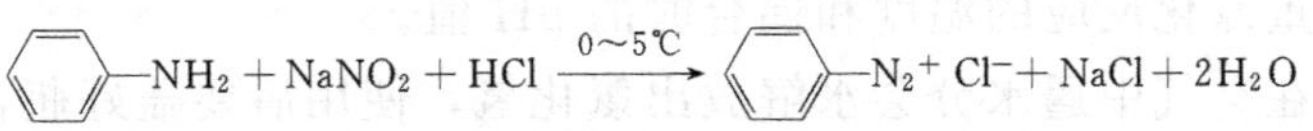

$$\boxed{}\!-\!NH_2 + NaNO_2 + HCl \xrightarrow{0\sim5℃} \boxed{}\!-\!N_2^+ Cl^- + NaCl + 2H_2O$$

3. 耦合

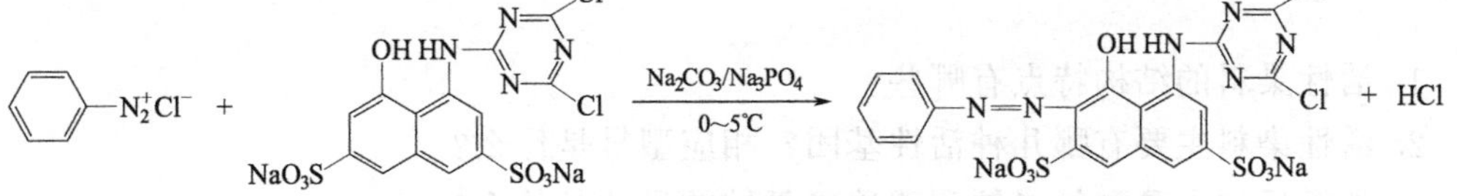

四、 主要仪器与试剂

三口烧瓶、电动搅拌器、温度计、滴液漏斗、烧杯、布氏漏斗、天平、真空水泵。

1-氨基-8-萘酚-3,6-二磺酸（H酸）、苯胺、三聚氯氰、盐酸、亚硝酸钠、碳酸钠、氯化钠、磷酸钠、磷酸二氢钠、磷酸氢二钠、尿素、冰。

五、 实验内容

在装有电动搅拌器、滴液漏斗和温度计的 250mL 三口烧瓶中加入 30g 碎冰、25mL 冰水和 5.6g 三聚氯氰，在 0℃搅拌 20min。然后在 1h 内加入 H 酸溶液（10.2g H 酸、1.6g 碳酸钠溶解在 68mL 水中），加完后在 5~10℃搅拌 1h，抽滤，得黄棕色澄清缩合液。

在 150mL 烧杯中加入 10mL 水、36g 碎冰、7.4mL 30%盐酸、2.8g 苯胺，不断搅拌，在 0~5℃时于 15min 内加入 2.1g 亚硝酸钠配成 30%溶液，加完后在 0~5℃搅拌 10min，得淡黄色澄清重氮液。

在 600mL 烧杯中加入上述缩合液和 20g 碎冰，在 0℃时一次性加入重氮液，再用 20%磷酸钠溶液调节 pH 4.8~5.1。反应温度在 0~5℃，搅拌 1h。加入 1.8g 尿素，随即用 20%碳酸钠溶液调节 pH 6.8~7，加完后搅拌 3h。此时溶液总体积约为 310mL，然后加入溶液体积 25%的氯化钠盐析，搅拌 1h，抽滤。滤饼中加入滤饼质量 2%的磷酸氢二钠和 1%的磷酸二氢钠，搅匀，过滤，在 85℃以下干燥，称量，计算产率。

六、 数据记录

根据表 3-26 记录实验数据。

表 3-26 活性艳红 X-3B 的制备实验记录表

样品名称	性状	产量/g	产率/%
活性艳红 X-3B			

七、 注意事项

1. 严格控制重氮化反应的温度和偶合时的 pH 值。
2. 三聚氯氰在空气中遇水分会水解放出氯化氢，使用后要盖好瓶盖。

八、 思考题

1. 活性染料的结构特点有哪些？
2. 活性染料主要有哪几种活性基团？相应型号是什么？
3. 盐析后加入磷酸氢二钠和磷酸二氢钠的目的是什么？

实验 29　阳离子翠蓝 GB 的制备

一、 实验目的

1. 掌握阳离子翠蓝 GB 的制备方法。
2. 了解阳离子染料的性质、用途和使用方法。
3. 掌握烷基化、亚硝化、缩合反应的机理。

二、 产品特性与用途

阳离子翠蓝 GB 外观为古铜色粉末，在 20℃ 水中的溶解度为 40g/L，溶解度受温度影响很小，水溶液为绿光蓝色。在浓硫酸中为暗红色，稀释后变为红光蓝色。在水溶液中加入氢氧化钠有蓝黑色沉淀。染腈纶时为艳绿光蓝色，在钨丝灯下更绿。在 120℃ 高温染色，色光较绿。染色时遇铜离子色光显著变绿，遇铁离子色泽微暗。配伍值为 3.5，f 值为 0.31。用于毛/腈、粘/腈混纺织物的接枝法染色，也可以用于腈纶地毯的直接印花。

三、 实验原理

阳离子翠蓝 GB 是以间羟基-N,N-乙基苯胺为原料，用硫酸甲酯甲基化，得到间甲氧基-N,N-二乙基苯胺，再用亚硝酸钠亚硝化，然后与间羟基-N,N-乙基苯胺进行缩合。反应方程式如下。

甲基化反应

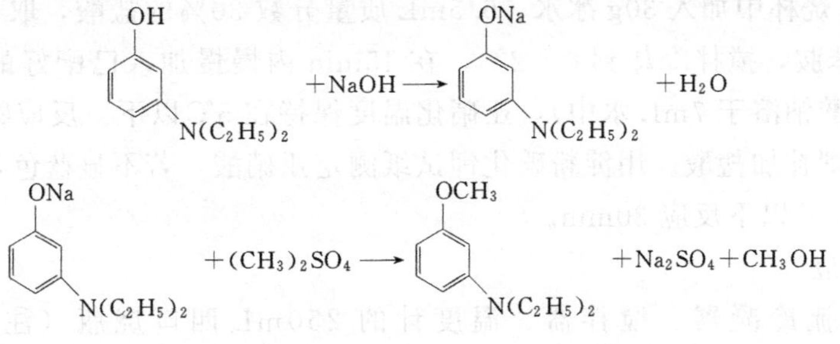

亚硝化反应

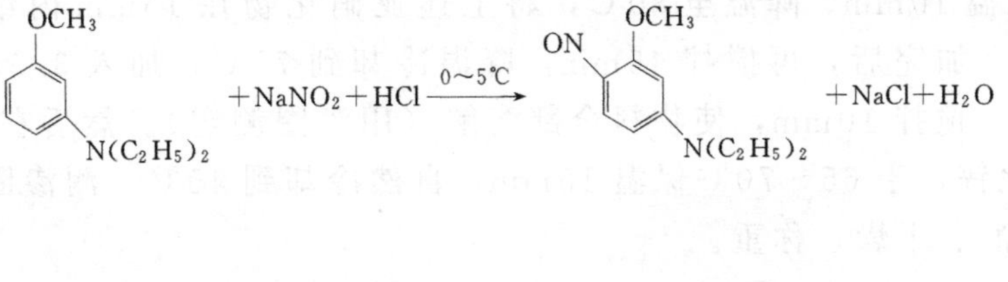

缩合反应

$$\underset{\text{OH}}{\bigominus}\!\!-\!\!N(C_2H_5)_2 \ + \ \underset{ON\,\bigominus\,N(C_2H_5)_2}{\overset{OCH_3}{\bigominus}} \ \xrightarrow[\text{ZnCl}_2]{95\,℃} \ \left[(C_2H_5)_2N\bigcirc\!\!\bigcirc\!\!\bigcirc N(C_2H_5)_2\right]^{\oplus}\!\!\cdot ZnCl_3^{\ominus} \ + \ CH_3OH \ + \ H_2O$$

四、 主要仪器与试剂

回流冷凝器、搅拌器、烧杯、温度计、四口烧瓶、水浴锅、刚果红试纸、淀粉碘化钾试纸、量筒、天平等。

氢氧化钠、保险粉、间甲氧基-N,N-二乙基苯胺、硫酸二甲酯、盐酸、氯化锌、冰水、亚硝酸钠等。

五、 实验内容

1. 甲基化反应

向装有回流冷凝器、搅拌器、温度计的 250mL 四口烧瓶（磨口，涂凡士林）中加 15mL 质量分数 42% 的氢氧化钠、0.2g 的保险粉和 10g 间甲氧基-N,N-二乙基苯胺，搅拌加热到 75~80℃，使间羟基-N,N-二乙基苯胺全部溶解，将 16g（约 12mL）硫酸二甲酯分四次加入。第一次于 85℃，加入 4g 硫酸二甲酯，温度将有所升高，反应 15min，冷却到 88℃；第二次加入 4g 硫酸二甲酯后，升温加热到 100~102℃，再保温 15min，然后冷却到 88℃；第三次加入 4g 硫酸二甲酯后，加热升温到 100~102℃，再保温 15min，然后冷却到 88℃；第四次加入 4g 硫酸二甲酯后，加热升温到 100~102℃，反应 20min，停止搅拌，冷却至 50~60℃。放料到分液漏斗中进行静置分层（不要将析出的盐倒入分液漏斗中），放掉下层盐水，再静置 30min，放掉下层水，上层棕色油状物即为间甲氧基-N,N-二乙基苯胺，称重，计算粗产率。

注：硫酸二甲酯剧毒，在使用过程中，注意安全。

2. 亚硝化反应

向 250mL 烧杯中加入 30g 冰水、6.5mL 质量分数 30% 的盐酸，取 5.1g 间甲氧基-N,N-二乙基苯胺，搅拌冷却到 0~2℃，在 15min 内慢慢加入已配好的亚硝酸钠溶液（由 2.1g 亚硝酸钠溶于 7mL 水中），亚硝化温度保持在 5℃ 以下。反应物应使刚果红试纸呈蓝色，否则补加盐酸。用淀粉碘化钾试纸测定亚硝酸，若不显蓝色，则应补加亚硝酸钠溶液，在 5℃ 以下反应 30min。

3. 缩合反应

向装有回流冷凝器、搅拌器、温度计的 250mL 四口烧瓶（注意密封）中加入 8mL 水，搅拌下加入 5.2g（0.03mol）间羟基-N,N-二乙基苯胺，加热升温至 85℃，保温 10min。降温至 80℃，将上述亚硝化物在 15min 内细流加入，保持流量均匀。加完后，再搅拌 45min，降温冷却到 75℃，加入 3.5mL 质量分数 30% 的盐酸，搅拌 10min，使物料全部溶解（用渗圈测定）。然后在 65~70℃ 下滴加 1g 氯化锌，于 65~70℃ 保温 15min，自然冷却到 45℃，测渗圈，斑点清晰后，进行过滤、干燥、称重。

六、 数据记录

根据表 3-27 记录实验结果。

表 3-27　阳离子翠蓝 GB 的制备实验记录表

样品名称	粗产率	产量/g	产率/%
阳离子翠蓝 GB			

七、 注意事项

1. 硫酸二甲酯有剧毒，在使用过程中应注意安全。
2. 甲基化过程中硫酸二甲酯的加入一定要按照要求严格执行。
3. 亚硝基反应温度一定要低于 5℃。

八、 思考题

1. 请简述阳离子染料的染色原理。
2. 请简述阳离子染料的结构特点。
3. 亚硝化反应的温度为什么要控制在 5℃以下？

实验 30　直接冻黄 G 的制备

一、 实验目的

1. 掌握直接冻黄 G 的制备方法。
2. 了解直接冻黄 G 的性质、用途和使用方法。
3. 掌握重氮化、偶合、乙基化反应机理。

二、 产品特性与用途

直接染料是能在中性和弱键相介质中加热煮沸，不需媒染剂的帮助即能染色的染料。直接染料是凭借直接染料与棉纤维之间的氢键和范德华力结合而成。直接冻黄 G 是一种橘黄色粉末，分子量为 680.67，能溶于水，微溶于溶纤素，不溶于其他有机溶剂。用 1g 染料溶解在 50mL 水中，在≤15℃时即成胶冻状，故名冻黄。主要用于棉、麻、粘胶、人造棉、人造丝等纤维素纤维织物的染色，蚕丝、锦纶等织物的染色及其混纺织物的染色，还可用于皮革、纸浆、生物的染色，以及制造色淀、颜料。对纤维素纤维染色，染料吸尽性能好，在 40℃亲和力最大，拔染性很好。

三、 实验原理

目前直接冻黄 G 工艺流程叙述：DSD 酸与盐酸及亚硝酸钠重氮化后再与 2mol 苯酚偶合，最后经氯乙烷乙基化将苯酚上的羟基转化成乙氧基。

结构为：

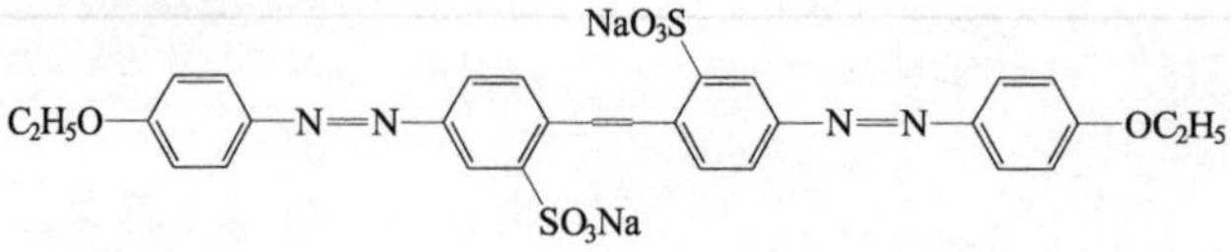

四、 主要仪器与试剂

烧杯、水浴锅、搅拌器、量筒、蒸馏装置等。

2'-二磺酸（DSD 酸）、稀盐酸、亚硝酸钠、苯酚、氯乙烷、去离子水、碳酸钠、硫酸钠、乙醇、氢氧化钠等。

五、 实验内容

1. DSD 酸重氮化

先将 DSD 酸打浆，再将重氮罐冲洗干净，放入去离子水，加热后投入碳酸钠，在搅拌过程中缓慢投入 DSD 酸的膏状物，投料完毕后继续升温至 60℃，pH 值为 7～8，得到茶色澄清液体。然后在搅拌状态下自然降温到 45℃，缓缓加入稀盐酸进行酸化，酸化时间为 2～2.5h。而后继续搅拌 4h，降温至 30℃以下，1h 内加入亚硝酸钠溶液进行重氮化，放入偶合罐中继续搅拌反应 3h，得到重氮化合物溶液。

2. 苯酚钠制备

在苯酚罐中加入去离子水，投入碳酸钠后升温至 30℃，加入苯酚，搅拌后得到苯酚钠。

3. 偶合

在 DSD 酸重氮化得到的重氮化合物溶液中加入硫酸钠，将苯酚钠制备中得到的苯酚钠溶液快速注入重氮液中进行偶合。搅拌 4h，当反应物的 pH 值为 9 时，直接蒸汽加热至 50℃进行盐析，搅拌 0.5h，慢慢加入稀硫酸将反应物的 pH 值调整为 6.5～7，过滤后得到滤饼。在辉黄打浆罐中加入乙醇、氢氧化钠，投入滤饼，搅拌 0.5h 得到辉黄。

4. 辉黄乙基化

将得到的辉黄压入乙基化缸中，投入氢氧化钠，加热至 102℃，在 10～12h 内输入氯乙烷进行乙基化。乙基化期间的压力为 4kgf/cm^2（1kgf/cm^2＝98.0665kPa），温度为

$102 \sim 108℃$。

5. 精制

将制得的产物压入蒸馏罐内搅拌蒸馏，以回收乙醇，回收完毕后将硫酸钠溶液压入蒸馏罐进行盐析。在 80℃ 下进行过滤，经干燥、混配后制得直接冻黄 G。

六、 数据记录

根据表 3-28 记录实验数据

表 3-28　直接冻黄 G 的制备实验记录表

样品名称	性状	产量/g	产率/%	pH
直接冻黄 G				

七、 注意事项

1. 偶合反应过程结束后，要加入盐酸调节 pH 值和盐进行酸盐析。
2. 重氮化反应中，亚硝酸钠应稍过量。

八、 思考题

1. 本实验为什么需要控制 pH？
2. 简述重氮化机理。

实验 31　海娜色素的提取工艺研究

一、 实验目的

1. 掌握超声提取海娜色素的原理与方法。
2. 了解新疆染料的基本特性。

二、 产品特性与用途

海娜（*Lawsonia Inermis* L.），学名散沫花，千屈菜科散沫花属植物，含有醌、苯丙素、黄酮、三萜等成分，指甲花醌被认为是其中的主要成分。海娜是一种广泛应用的天然染料，可用于染发、文身、织物染色、蛋白质检测等。近几年来也有人将其用作染料，对织物、纺织品进行染色研究。

像所有的天然产物一样，海娜花成分复杂，含有香豆素类、醌类、黄酮类等多种化学成分，并具有较强的生理活性，因此在很多地区也作为一种药用植物使用。新疆海娜作为其中较为优良的品种广泛生长于新疆天山等地区，种植历史已达几千年，常被维吾尔族姑娘用于染指甲与美容，后演变成新疆女性的特殊化妆品。研究证实，海娜色素安全无毒，而且具有抗菌、抗氧化、抗肿瘤、抗寄生虫等活性。研究海娜色素的提取工艺，将推动海娜资源的开发利用。

三、 实验原理

比较水和几种有机溶剂对海娜色素浸提的效果，考察不同温度、时间、物料比等因素对水浸提海娜色素的影响。海娜的碱水提取液比中性水提取液对棉织物的染色效果好，使用碱性提取液可能有利于色素的提取。本实验考察超声辅助提取过程中酸碱性、时间、温度对海娜色素提取率的影响。

四、 主要仪器与试剂

烧杯、量筒、搅拌器、水浴锅、离心机、容量瓶、超声波清洗器、紫外可见光谱仪、分析天平、漩涡振荡器、烘箱、酸度计等。

海娜粉末、乙醇、乙酸乙酯、石油醚、氢氧化钠、指甲花醌对照品、磷酸盐缓冲溶液、色谱甲醇。

五、 实验内容

1. 海娜色素的提取和测定

准确称取海娜粉末 1.0g 于 50mL 离心管中，加入 25mL 提取溶剂，漩涡振荡均匀后静置 30min，超声（300W）辅助提取 20min 后取出，4000r/min 离心 10min，取 0.2mL 上清液用 pH 为 7 的磷酸盐缓冲溶液稀释 25 倍，用紫外可见光谱仪测 460nm 处的吸光度。吸光度与样品质量的比值为校正吸光度 A'，用 A' 作为单因素试验中考察提取效果的指标。

2. 指甲花醌标准曲线的绘制

精密称取指甲花醌标准品 0.0179g 置于 100mL 容量瓶中，加入 pH 为 7 的磷酸盐缓冲溶液溶解并定容，得质量浓度为 0.179mg/mL 标准母液。分别准确移取标准母液 0.25mL、1.00mL、2.00mL、3.00mL、4.00mL、5.00mL 于 10mL 容量瓶中，用 pH 为 7 的磷酸盐缓冲溶液定容。以 pH 为 7 的缓冲溶液为空白对照，在 460nm 处测吸光度。以吸光度为纵坐标，指甲花醌质量浓度（mg/mL）为横坐标，绘制标准曲线，得线性回归方程，计算海娜提取率。提取率计算公式为：

$$提取率＝指甲花醌质量浓度×625/样品质量$$

3. 紫外分光光度法研究海娜色素稳定性

称取 1g 海娜粉末，用 0.1mol/L 的氢氧化钠水溶液（pH＝13）进行提取，提取液用 pH 为 13 的氢氧化钠水溶液稀释 25 倍。再称取 1g 海娜粉末用水进行提取，提取液用纯水稀释 25 倍。上述两种溶液各取 9 份，分 3 组置于室温、45℃、70℃烘箱中。在 0h、2h、6h、12h、24h、36h、60h、84h 时取出适量冷却至室温，用紫外可见光谱仪测出 460nm 处的吸光度 A。

六、 数据记录

按表 3-29 记录实验数据。

表 3-29   海娜色素的提取实验记录表

标准母液量/mL	0.25	1.00	2.00	3.00	4.00	5.00
海娜色素提取率						

七、 注意事项

在使用碱溶液提取海娜色素后应迅速中和提取液，防止色素发生降解。

八、 思考题

1. 实验中伴随着 pH 值的上升，海娜花色素的提取率出现先增大后减小是什么原理？

2. 影响海娜花色素提取率的因素有哪些？

实验 32   核桃青皮色素的提取

一、 实验目的

1. 掌握色素提取的不同方法。

2. 学习浸提法提取色素的基本原理。

二、 产品特性与用途

核桃青皮中富含多种无机、有机化合物，以及各种盐类。在医学上核桃青皮中的胡桃醌及其衍生物等对癌细胞有杀死、抑制作用，在医学上有治疗肝癌、自发性乳腺癌、食道癌和胃癌的作用。其中所含的无机盐具有镇痛作用。同时，醇提取物能够有效地抑菌消炎。

在农业上将核桃青皮压成浆液，每1kg加水10～20kg，喷洒可防治蚜虫、红蜘蛛，同时它还具有植物生长调节剂的作用。用天然核桃青皮为原料开发出有选择性除草和促进生长的天然农药，可减少化学农药对环境的污染。

在食品上主要是色素方面的应用。以核桃青皮为原料可得到棕褐色天然色素，并且色素附着能力较强、原料来源丰富，并能实现资源的综合利用，同时生产工艺简单、产率高、成本低、安全无毒。该色素不仅适用于食品，还用于染发剂等许多方面，因此有很好的开发应用价值。

三、 实验原理

至今，核桃青皮中化学成分的提取分离和成分鉴定研究取得了一定的进展。国内外已经鉴定了核桃青皮中的16种主要成分，主要是鞣质、胡桃苷、α-氢化胡桃醌和β-氢化胡桃醌、萘茜、没食子酸、胡桃醌生物碱和一些色素。含有黄酮类化合物、醌类化合物、二芳基庚烷类化合物，同时还含有甾体、萜类、脂肪酸等成分。青皮素中主要含多糖、粗蛋白、黄酮、粗脂肪、多酚、单宁、灰分等，而其中以有机物居多，所以本实验用50％的乙醇利用相似相溶的原理制取核桃青皮色素。

四、 主要仪器与试剂

锥形瓶、烧杯、离心机、电子天平、温度计、抽滤机、旋转蒸发仪。
核桃青皮、氢氧化钠、纤维素酶。

五、 实验内容

以核桃青皮为原料，自然条件下阴凉干燥，研磨，过60目筛。称取1.0g核桃青皮粉放入150mL锥形瓶中，加入0.5g的纤维素酶，在45℃下进行酶解，高温灭酶15min。然后加入50％乙醇（液料比为1g：40mL）进行浸取（浸取2～3次，每次30min）。合并收集的滤液，降温，离心，抽滤，得到红棕色的溶液，转移至旋转蒸发仪中，蒸馏回收溶剂，烘干，称重，计算提取率。

六、 数据记录

根据表3-30记录核桃青皮色素的实验数据。

表3-30　实验记录表

样品名称	产量/g	提取率/%	产品性状
核桃青皮色素			

七、 注意事项

1. 一定让 50％乙醇淹没核桃青皮。
2. 溶解的时间不要太短。
3. 要选择新鲜的核桃青皮作原料。

八、 思考题

1. 如果提取温度过高对提取率有什么影响？
2. 提取剂浓度过高、粉碎的颗粒过大对实验有什么影响？
3. 提取核桃青皮色素的关键是什么？

第四章
创新性实验

实验 33　Cu、Ni 共掺杂纳米氧化锌的制备及光催化性测定

一、 实验目的

1. 掌握 Cu、Ni 掺杂纳米氧化锌的制备原理及方法。
2. 了解 Cu、Ni 掺杂纳米氧化锌的光催化机理。

二、 产品特性与用途

纳米氧化锌作为一种直接带隙宽禁带半导体氧化物，具有较宽的带隙（3.4eV）和较大的激子束缚能（60MeV），从而具有一系列优异的光学、电学以及磁学等性能，并且其颗粒尺寸细微，无毒、无公害，具有良好的溶剂加工性和生物相容性，因而在光学器件和吸波材料的制造、污水处理以及生物医学等领域有着潜在的应用价值。

通过金属离子掺杂可以减小电子和空穴的复合，延长·OH 的寿命，可以提高纳米氧化锌材料的光催化性能。

三、 实验原理

纳米氧化锌的制备实验原理如下：

$$Zn(CH_3COO)_2 \cdot 2H_2O \longrightarrow Zn(CH_3COO)_2 + 2H_2O$$
$$Zn(CH_3COO)_2 + 2OH^- \longrightarrow 2CH_2COO^- + Zn(OH)_2$$
$$Zn(OH)_2 \longrightarrow ZnO + H_2O$$

四、 主要仪器与试剂

烧杯、磁力搅拌器、胶头滴管、干燥箱、723 型分光光度计、马弗炉、研钵、天平等。
甲基橙、草酸、无水乙醇、醋酸锌、柠檬酸三铵、硝酸铁、硝酸铈、去离子水、蒸馏水等。

五、 实验内容

1. Cu、Ni 共掺杂纳米氧化锌的制备

称取一定量的草酸溶于 80mL 无水乙醇中制得溶液 A。称取 7.9g 醋酸锌溶于 60mL 去离子水中，完全溶解后加入 0.63g 柠檬酸三铵，搅拌，称取一定量的硝酸铜和硝酸镍加入，搅拌至全部溶解后得溶液 B。将溶液 B 缓慢滴加到溶液 A 中，边滴边快速搅拌反应 1.5h，在 80℃恒温反应 30min 得溶胶。分别用蒸馏水和无水乙醇洗涤溶胶两次，在干燥箱中干燥（90℃）2h 可得干凝胶，研磨成粉体后再将干凝胶置于马弗炉中煅烧（550℃）3h，制得 Cu/Ni 复合掺杂的纳米 ZnO 粉体。称重，记录实验数据。

2. 光催化性能测试

配制浓度为 20mg/L 的甲基橙溶液，取 150mL 的测试样品置于烧杯中，将制备好的光催化剂放入 150mL 甲基橙溶液中，光照。每隔 1h 取混匀的甲基橙溶液 10mL，离心分离，取上清液，用 723 型分光光度计在甲基橙的最大吸收波长处（460nm）测其吸光度。记录数据，绘制降解曲线，分析实验数据。

六、 数据记录

记录 Cu、Ni 共掺杂纳米氧化锌的质量，绘制甲基橙降解曲线。

七、 注意事项

反应需要在高温条件下进行，待到完全冷却以后再将样品拿出，以免烫伤。

八、 思考题

1. 加入柠檬酸三铵的作用是什么？
2. 为什么要将 B 溶液缓慢滴加进 A 溶液？

实验 34 聚氨基酸水凝胶的制备及吸水保水性的测定

一、 实验目的

1. 了解聚氨基酸水凝胶制备的方法和原理。
2. 掌握水凝胶吸水保水性测定方法。

二、 产品特性与用途

水凝胶（hydrogel）是一种由聚合物分子交联而成的具有三维网络结构的新型高分

子材料，能吸收大量的水，并保持一定的形状，其在微观上呈空间网络状结构，经脱水干燥处理后称为高吸水性树脂。由于水凝胶这种独特的物理和化学性质，被应用于工业、农业、林业、环保、生物医疗等众多领域。水凝胶多由亲水的高分子经交联或共聚、共混得到。目前所研究的水凝胶主要包括合成聚合物水凝胶和天然聚合物水凝胶两种。合成聚合物水凝胶包括聚丙烯酸及其盐或衍生物、聚丙烯酰胺及其衍生物、聚乙烯醇及其衍生物等，其主要是以碳碳双键的自由基聚合而形成三维网状结构，通常生物降解性和生物相容性较差。天然聚合物水凝胶一般由壳聚糖、明胶、纤维素等天然产物经化学或物理交联得到，生物降解性和生物相容性好于合成聚合物水凝胶，但因其分子链结构的影响，其吸水率较低，因而应用受到限制。

由于聚氨基酸凝胶主链含多肽键，易受到自然界真菌及细菌的侵袭，即具有优异的生物降解性和生物相容性，还由于高分子主链的亲水性和侧链基团与水的结合性，其吸水率较高，保水性较好，兼具聚合物凝胶和天然聚合物凝胶的优点。聚氨基酸水凝胶主要包括聚天冬氨酸（PASP）、聚谷氨酸（PGA）和聚甘氨酸（PGLY），其既可以由化学法合成，又可以通过某些微生物直接发酵得到。

聚天冬氨酸水凝胶（polyaspartic acid，PASP）主要采用化学法交联而成，成本较低。其在微观上呈空间网状结构，主链含有大量亲水性的羧基，侧链上的基团能与水结合，且 PASP 分子链空间伸展很大，因此，具有良好的与水分子结合的能力。同时，作为氨基酸聚合物，PASP 具有良好的生物相容性和生物降解性，在农业、工业、环境、化妆品、药物载体、医药凝胶等领域均有应用潜力。

三、 实验原理

聚天冬氨酸水凝胶的化学制备方法主要有三种：

1. 先交联再水解

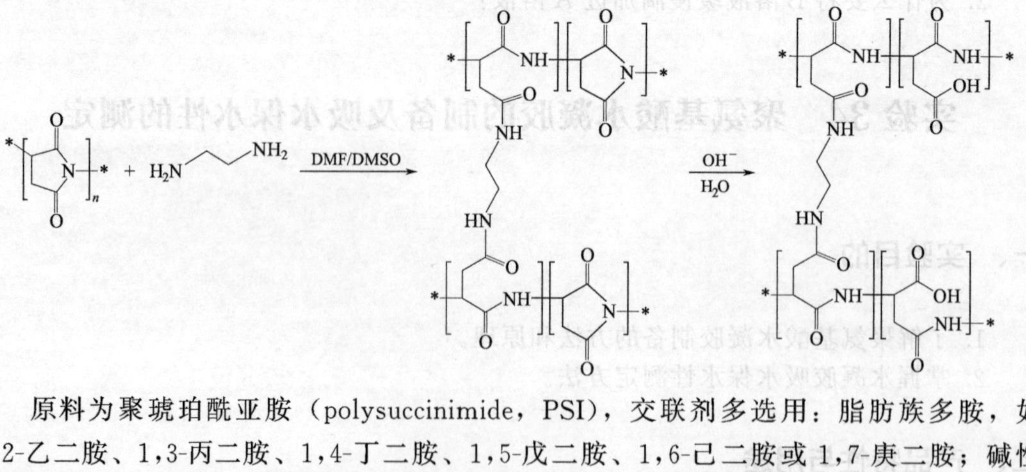

原料为聚琥珀酰亚胺（polysuccinimide，PSI），交联剂多选用：脂肪族多胺，如1,2-乙二胺、1,3-丙二胺、1,4-丁二胺、1,5-戊二胺、1,6-己二胺或1,7-庚二胺；碱性氨基酸，如赖氨酸、鸟氨酸或胱氨酸等及其盐或酯。此法需要大量的有机溶剂，成本高的同时还容易产生环境问题。

2. 交联、水解同时进行

原料和交联剂与上一个方法一致，但在碱性条件下加入交联剂亲核攻击 PSI 的环状单元，使 PSI 开环交联、水解同时发生。该方法由于碱和交联剂依靠碱性而同时对 PSI 单元环亲核攻击而使其开环水解或交联，相互之间属于竞争关系。而由于 NaOH 和 KOH 的碱性远大于交联剂，因此在反应过程中一般采用低温来减缓反应速率，从而增加交联的概率。该方法是固-液非均相反应，反应均一性较差，交联程度相对较低。

3. 先水解再交联

以水为溶剂，先将 PSI 在碱性水溶液中水解得到 PASP，然后采用多官能团交联剂如 γ-氨基丙基三乙氧基硅烷（ATS）、乙二醇二缩水甘油醚（EGDGE）交联制得 PASP 水凝胶。该方法不使用有机溶剂，环境污染小，成本低，在均相中进行反应，反应的均一性好，产物交联均匀且交联度高。

四、 主要仪器与试剂

烧杯、量筒、磁力搅拌器、恒温水浴锅、酸度计、干燥箱、尼龙袋、天平、剪刀等。

聚琥珀酰亚胺（PSI）、乙二醇二缩水甘油醚（EGDGE）、磷酸、氢氧化钠等。

五、 实验内容

1. PASP 水凝胶的制备

称取 6gPSI 加入 250mL 烧杯中，加入 18mL 2mol/L NaOH 溶液，磁力搅拌直至 PSI 溶解，逐滴加入 H_3PO_4 调节溶液 pH 至 4.8。加入 2.5g EGDGE，50℃下水浴搅拌反应 7h，即可得 PASP 水凝胶。取出后用剪刀剪碎，60℃干燥后研磨，即可得 PASP 吸水性树脂，称重。

2. 吸水性测试

吸水率是用于衡量吸水性材料吸水性能最重要的指标。聚天冬氨酸水凝胶吸水率的测定采用茶袋法。取干燥粉碎后的 PASP0.2g 置于 300 目尼龙袋中，将茶袋在常温下放入盛有 200mL 蒸馏水的烧杯中，袋口系紧且不能低于液面，茶袋应尽量避免触碰烧杯壁，每间隔 2h 取出一次称重直至浸泡 48h，称量前先将浸泡在去离子水中的茶袋取出来，悬挂沥干 5min，测定茶袋及茶袋内吸收水分后凝胶的总质量，凝胶的吸水率按以下公式进行计算

$$Q = (W_t - W_0 - W_n)/W_0$$

式中，Q 为水凝胶的吸水率；W_n 为湿茶带的质量，g；W_0 为干胶的质量（一般为 0.2g）；W_t 为 t 时间水凝胶吸水后与茶袋的总重，g。

六、 数据记录

根据表 4-1 记录实验数据，并绘制吸水率-时间曲线。

表 4-1　实验记录表

样品名称	性状	产量/g	最大吸水率/(g/g)
PASP 水凝胶			

七、 注意事项

1. PSI 开环反应中，NaOH 的浓度至关重要。浓度过高，PSI 不仅易开环，还会断键，导致最后得到的 PASP 水凝胶分子量偏低；浓度过低，PSI 开环反应速率过慢。

2. 用磷酸调节 pH 值时，前期 pH 值下降较快，pH 值接近 5 时下降较慢。

3. 茶袋法测定吸水性树脂吸水率时，应尽量避免将茶袋完全浸入蒸馏水中，且应避免茶袋与烧杯壁触碰。

八、 思考题

1. 根据 PSI 和 EGDGE 的加入量，计算羧基与环氧基的官能团数比和交联度。

2. 为什么磷酸调节 pH 值时，前期 pH 值下降较快，pH 值接近 5 时下降较慢？

实验 35　新疆废弃棉秆制备生物质吸附剂及对 Cr^{6+} 的吸附研究

一、 实验目的

1. 了解新疆农业废弃物的种类及特点。
2. 掌握纤维素提纯及改性的基本方法。

二、 产品特性与用途

国内外广泛报道了利用农业废弃物如甘蔗渣、花生壳、橘皮、椰子壳、稻秆、玉米秆、棉秆等改性制备吸附剂处理废水。新疆是棉花种植基地，废弃的棉秆资源丰富，对棉秆进行有效利用是十分必要的。棉秆作为吸附剂的基质材料，对其进行进一步研究的空间很大。

三、 实验原理

六价铬的毒性最大，有致癌、致突变性，常用处理方法有电解法、化学沉淀法、膜分离法、吸附法等。其中，吸附法是通过自身的高比表面积和特殊的内部结构对废水重金属离子进行吸附，吸附容量大，对重金属离子处理效率较高。

棉秆的主要成分为纤维素、半纤维素及木质素，与木材较为接近，具有吸附剂领域应用潜力。采用化学、物理、生物等方法对棉秆纤维素进行改性处理，能达到更强的吸附能力，还可以通过移植亲和基团来提高吸附效率。

四、 主要仪器与试剂

紫外可见分光光度计、超声波信号发生器、机械搅拌器、恒温水浴锅、容量瓶、量筒、循环水式真空泵、旋转蒸发仪、干燥箱、电子天平、三口烧瓶、球形冷凝管、温度计、布氏漏斗、烧杯等。

棉秆、氢氧化钠、二硫化碳、乙醇、硫酸镁、盐酸、重铬酸钾、丙酮、二苯基碳酰二肼、去离子水等。

五、 实验内容

1. 棉秆吸附剂的制备

将棉秆原料清洗、切碎、烘干、粉碎、过 40 目筛后备用，取棉秆颗粒 15g，用

10％ NaOH 溶液浸泡 24h 以上，加入 8mL 二硫化碳，在超声波作用下反应 1h。过滤，用 9％ MgSO$_4$ 和乙醇洗涤，调节 pH 至中性，过滤，50℃在烘箱中烘干，即可制得改性棉秆。

2. Cr（Ⅵ） 标准曲线的绘制

利用二苯基碳酰二肼分光光度法测定溶液中 Cr（Ⅵ）的浓度。配制一系列不同浓度的 Cr（Ⅵ）标准溶液：准确称取 0.282g 重铬酸钾固体于烧杯中，加入去离子水搅拌溶解，转移至 100mL 容量瓶中，分别配制质量浓度为 0.05mg/L、0.39mg/L、0.65mg/L、0.91mg/L、1.43mg/L 溶液。将所配溶液分别置于烧杯中，依次加入 3mL 二苯基碳酰二肼显色剂，以去离子水为参比，在波长 540nm 条件下依次测出系列溶液的吸光度，绘制标准曲线。

3. 吸附实验

取 Cr（Ⅵ）质量浓度为 10mg/L 的重铬酸钾水溶液 50mL，控制不同 pH、吸附时间、吸附剂量、温度条件，采用二苯基碳酰二肼分光光度法测量吸附后溶液中残余 Cr（Ⅵ）的浓度，计算吸附剂的单位吸附量 Q 和 Cr（Ⅵ）的吸附效率 η，确定吸附的最优条件。

计算公式分别如下

$$Q = \frac{(c_0 - c_t) \, V}{m}$$

$$\eta = \frac{c_0 - c_t}{c_0} \times 100\%$$

式中，t 为吸附时间，min；c_0 为重金属离子的初始浓度，mg/L；c_t 为 t 时刻溶液中铬离子的浓度，mg/L；V 为溶液的体积，L；m 为吸附剂的量，g。

4. 微观表征

利用扫描电镜观察改性前后棉秆 SEM 图像，通过对比结构的改变，从结构的松散、层状等角度说明吸附位点数量的变化，进而说明改性益于吸附过程。

六、 数据记录

根据表 4-2 记录实验数据。

表 4-2　实验记录表

样品名称	性状	吸附效率	单位吸附量
棉秆吸附剂			

七、 注意事项

重铬酸钾是一种有毒且有致癌性的强氧化剂，使用时做好防护措施。

八、 思考题

1. 二硫化碳起到什么作用？
2. 如何控制变量确定最优吸附条件？
3. 高效吸附与哪些因素有关？

实验 36   新疆植物用于染料敏化太阳能电池

一、 实验目的

1. 了解染料色素提取的基本方法。
2. 掌握电极制备和电池组装的方法。
3. 学习使用电化学工作站测试电池的 $I\text{-}V$ 曲线。

二、 产品特性与用途

染料敏化太阳能电池（dye sensitized solar cell，DSSC）作为一种高效、环保型的清洁太阳能利用形式，它的研究开发和利用得到越来越广泛的关注。染料敏化剂是 DSSC 的关键组成部分之一，主要起着吸收光的作用。在自然界中有色植物体分布非常丰富和广泛，植物体内存在着大量的可用于染色的天然有机染料物质，如类胡萝卜素（叶黄素）、黄酮类化合物（花青素）、叶绿素类等，这些天然色素类物质的光吸收范围几乎覆盖了整个可见光的波段，并且化合物中的羟基、羧基等官能团能够吸附到纳米 TiO_2 电极的表面，将吸收太阳光产生的光子传递到 TiO_2 的导带中。

三、 实验原理

天然染料色素提取方法简单、对环境友好、来源丰富，作为 DSSC 的敏化剂具有很好的潜在研究价值。实验中，分别以新疆特色植物红花、海娜花、草莓和葡萄皮为原材料提取和纯化天然染料色素，考察四种染料色素的紫外可见吸收光谱，确定其主要成分。

四、 主要仪器与试剂

超声波发生器、鼓风干燥箱、电化学工作站、紫外可见分光光度计、酸度计、烧杯、量筒、温度计、水浴锅、研钵、2B 铅笔等。

曲拉通、钛酸四丁酯、碘化钾、碘、正丁醇、无水乙醇、醋酸铅盐酸、冰醋酸、丙酮、红花、海娜花、草莓、葡萄皮。

五、 实验内容

1. 染料色素的提取

① 红花色素提取：将 1g 红花置于去离子水中超声清洗 20min，经鼓风干燥箱干燥，然后放于研钵中磨细，转入 200mL 的烧杯中，加入 100mL 无水乙醇进行红花染料的提取，室温下避光浸泡 3d，经过滤收集滤液即得红花天然染料。

② 海娜花色素提取：将 1g 海娜花超声清洗 20min，经鼓风干燥箱干燥，放于研钵中磨细，转入 200mL 的烧杯中，加入适量乙醇和水，静置 48h，滤去溶液中的固体残余物，对滤液浓缩干燥，将得到的粉末溶于 100mL 无水乙醇，即得海娜花染料。

③ 草莓色素提取：取适量干净的草莓用研钵均匀研磨，配制浓度为 50% 的乙醇水溶液，用稀盐酸调节 pH＝5，按照草莓体积：乙醇溶液体积为 1：2 进行混合，置于60℃鼓风干燥箱中浸渍提取 30min，过滤，除去草莓色素中的固体杂质和沉淀果实，将得到的草莓色素乙醇溶液转入棕色玻璃瓶中并避光保存。

④ 葡萄皮色素提取：取 1g 洗净晾干的葡萄皮，用 0.1mol/L HCl-C_2H_5OH 为提取液，料液比 1：10 浸提，超声 30min，40℃水浴 5h，避光静置 24h，抽滤，滤渣重复提取 1 次，两次滤液合并浓缩，得到紫红色膏状样品。将样品用少量 C_2H_5OH 溶解，加入 5% 醋酸铅提纯，即得高纯度葡萄皮色素。

2. 电极制备

通过溶胶-凝胶法先制备出 TiO_2 浆液，再依次量取 20mL 钛酸四丁酯、100mL 无水乙醇和 8mL 冰醋酸加入烧杯中，搅拌均匀，配制成 A 溶液。将 8mL 蒸馏水逐滴滴加到 A 溶液中，搅拌至溶胶后加入黏稠剂（曲拉通）和表面活性剂（正丁醇），再将黏稠胶体溶液涂敷在导电玻璃表面，自然干燥后，在 450℃ 下烧结 30min 制成多孔薄膜电极。

石墨参比电极的制备：取一片导电玻璃，固定后用乙醇清洗干净，再用 2B 铅笔将石墨均匀涂抹在粗糙一面。

将制备好的多孔薄膜光阳极浸入色素提取液中，避光保持 24h 进行敏化处理。

3. 电池组装

将制备好的电极用平口夹夹住，从边缘的缝隙中注入摩尔分数 5% 的 KI 电解质溶液，组装成"三明治"结构的染料敏化太阳能电池。

DSSC 电极有效光照面积为 $0.8cm^2$。

六、 数据记录

记录红花色素、海娜花色素、草莓色素、葡萄皮色素的性状，描述所制备的 DSSC 电池。

七、 注意事项

1. 色素提取和电极浸渍色素溶液的过程一定要避光处理。

2. 处理工作电极时注意不能长时间进行超声清洗。
3. 测试过程注意不要让电极的不锈钢部分接触电解液，以免损坏电极。

八、 思考题

1. 如何确定物质的最佳吸收波长？
2. 使用电化学工作站有什么注意事项？

第五章
综合性实验

实验 37　固体酒精的制备及性能测试

一、 实验目的

1. 掌握固体酒精的配制原理和实验方法。
2. 了解固体酒精的应用。

二、 产品特性与用途

固体酒精，或称固化酒精，因使用、运输和携带方便，燃烧时对环境的污染较少，与液体酒精相比比较安全，作为一种固体燃料，广泛应用于餐饮业、旅游业和野外作业等。近几年来，出现了各种使工业酒精固化的方法。这些方法的差别主要是选择了不同的固化剂。使用的固化剂主要有：醋酸钙、硝化纤维、高级脂肪酸等。使用时用一根火柴即可点燃，燃烧时无烟尘，火焰温度均匀，温度可达到 600℃左右。每 250g 固体酒精可以燃烧 1.5h 以上。

三、 实验原理

固体酒精，即让酒精从液体变成固体，是一个物理变化过程，其主要成分仍是酒精，化学性质不变。其原理为：用一种可凝固的物质来承载酒精，包容其中，使其具有一定的形状和硬度。硬脂酸与氢氧化钠混合后将发生下列反应：

$$C_{17}H_{35}COOH + NaOH \longrightarrow C_{17}H_{35}COONa + H_2O$$

反应生成的硬脂酸钠是一个长碳链的极性分子，室温下在酒精中不易溶。在较高的温度下，硬脂酸钠可以均匀地分散在液体酒精中，而冷却后则形成凝胶体系，使酒精分子被束缚于相互连接的大分子之间，呈不流动状态而使酒精凝固，形成了固体状态的酒精。

四、 主要仪器与试剂

电炉、水浴锅、回流冷凝管、三口烧瓶、温度计、烧杯、模具、天平、量筒等。
工业酒精（酒精含量≥95%）、硬脂酸、固体石蜡、氢氧化钠。

五、 实验内容

在三口烧瓶中先装入75g水，加热至60～80℃，加入125g酒精，再加入90g硬脂酸，水浴加热，搅拌，回流，维持水浴温度在70℃左右，直至硬脂酸全部溶解。

在烧杯中加入75mL水，再加入20g氢氧化钠，搅拌使之溶解，将配制的氢氧化钠溶液倒入盛有酒精、硬脂酸和石蜡混合物的烧瓶中，最后加入125g酒精，搅匀，趁热灌注成型的模具中，冷却后即成为固体酒精燃料，点燃后观察燃烧效果。

六、 数据记录

记录燃烧实验现象及燃烧效果。

七、 注意事项

石蜡的加入起到了辅助凝固酒精的功效，但用量应恰到好处。加入过少，固体酒精难以成型，加入过多，点燃时会产生黑烟，影响实验现象。

八、 思考题

1. 石蜡的作用是什么？
2. 固体酒精的配制原理是什么？
3. 为什么固体酒精制备过程中要加入氢氧化钠？

实验 38　葡萄酒泥的综合利用

一、 实验目的

1. 掌握葡萄酒泥中果胶、色素、酒石酸的提取方法。
2. 了解葡萄酒泥有效成分提取的联产工艺。

二、 产品特性与用途

葡萄酒中富含人体所需的氨基酸、多种维生素、葡萄糖、铁等营养成分和微量元素，有较高的药用价值和实用价值。葡萄酒泥是葡萄酒发酵和陈酿期间倒罐后剩余的罐底沉淀物，约占葡萄酒产量的 20%～30%。酒泥中含有大量的生物活性物质，如糖类、多酚、果胶、原花青素、超氧化歧化酶等，如果处理不当极易变质，会污染环境。目前，大量葡萄酒泥未经处理就排放到自然环境中，不仅给当地的环境带来巨大压力，还会造成资源的极大浪费。

三、 实验原理

葡萄皮红色素（red grape peel color）是从葡萄皮中提取的天然食用色素，主要由花青素、黄酮等组成，为暗紫色粉末，易溶于水及乙醇水溶液，不溶于油脂、无水乙醇。其色调及稳定性受 pH 影响，酸性时呈稳定的红色或紫红色；中性时呈蓝色；碱性时呈不稳定的绿色。用于酸性饮料、葡萄酒、果酱、果冻等食品的着色。

果胶（pectin）是一种多糖，多存在于植物细胞壁和细胞内层，大量存在于柑橘、柠檬、柚子、葡萄等果皮中。白色至黄色粉状，分子量约 20000～400000，无味。可广泛作为食品胶凝剂、增稠剂、稳定剂和乳化剂，用来制造果酱、果冻、蜜饯、面包、罐头等。还具有降低血糖、血脂等作用，可以用于制作防治糖尿病、肥胖症、高血脂等的保健食品。

酒石酸（tartaric acid）又名 2,3-二羟基丁二酸，是一种多羟基羧酸，有左旋、右旋、外消旋、内消旋 4 种同分旋光异构体，广泛用于医药、食品、制革、纺织等工业。在实际应用中以右旋酒石酸最为重要，右旋酒石酸存在于多种植物中，如葡萄和罗望子。

葡萄酒泥为葡萄酒发酵后的产物，富含葡萄皮、葡萄籽、葡萄梗等，富含多种营养物质。色素的提取采用乙醇水溶液浸提法，果胶提取采用酸溶醇沉法，酒石酸提取采用酸溶碱沉法。

四、 主要仪器与试剂

烧杯、量筒、漏斗、分光光度计、旋转蒸发仪、酸度计、电子天平、电热恒温水浴锅、离心机、循环水式多用真空泵、数显鼓风干燥箱、布氏漏斗等。

酒泥、乙醇、盐酸、碳酸钙、氢氧化钠、氢氧化钙、去离子水、蒸馏水。

五、 实验内容

联产工艺路线如下：

色素←浓缩←除杂←加水稀释←浓缩←滤液

酒泥→预处理→调整pH值→乙醇萃取→抽滤→滤饼→HCl溶解→抽滤→滤饼→酸溶

调整pH值→加入CaCO₃→浓缩→清液←离心←醇沉←浓缩←滤液　　离心

沉淀→酸溶→重结晶→酒石酸　　沉淀→洗涤→干燥→果胶　　清液

1. 葡萄皮色素的提取

取酒泥用去离子水在 50℃电热恒温水浴锅中浸泡 20min，3000r/min 离心后将沉淀置于数显鼓风干燥箱中，50℃下干燥12h，粉碎后过60目筛，备用。

称取5g经预处理酒泥置于烧杯中，加入40mL 80%乙醇，再加入0.1mol/L盐酸调至pH 4，60℃下超声浸提30min后减压抽滤，收集滤液，减压浓缩，回收乙醇，加入适量蒸馏水稀释，抽滤除去杂质，50℃下减压浓缩后将浓缩液真空干燥得黏稠紫色色素浸膏，称重，计算色素浸膏得率。

$$w_1 = m_1/M \times 100\%$$

式中，w_1为色素浸膏得率；m_1为色素浸膏质量，g；M为酒泥的质量，g。

2. 果胶的提取

将乙醇萃取后的酒泥减压抽滤，收集滤饼，洗涤多次后置于烧杯中，加入60mL蒸馏水浸泡，加入0.1mol/L盐酸调至pH 1.5，70℃下超声处理30～40min，减压抽滤，收集滤液，减压浓缩，再加入浓缩液1.5倍体积的无水乙醇，静置至溶液澄清，4500r/min条件下离心，收集沉淀，洗涤，50℃干燥得果胶样品，称重，计算果胶得率。

$$w_2 = m_2/M \times 100\%$$

式中，w_2为果胶得率；m_2为果胶质量，g；M为酒泥的质量，g。

3. 酒石酸的提取

将加入盐酸溶解后的酒泥抽滤，收集滤饼，按料液比1∶3加入蒸馏水浸泡，加入12mL 37%盐酸溶解，80℃下浸提20min，离心，收集上清液，并与提取果胶醇沉后的上清液合并，减压浓缩，加入细粉状$CaCO_3$，直至不产生气泡为止，加入$Ca(OH)_2$调整溶液pH值为6.8～7.0，过滤，收集沉淀，多次洗涤后缓慢加入2倍体积蒸馏水搅匀，利用碱沉酸溶法使酒石酸钙溶解生成酒石酸，将溶液加热至50℃，再向其中加入1mol/L HCl至沉淀完全溶解，重结晶，抽滤，洗涤，50℃干燥得酒石酸样品，称重，计算酒石酸得率。

$$w_3 = m_3/M \times 100\%$$

式中，w_3为酒石酸得率；m_3为酒石酸质量，g；M为酒泥的质量，g。

六、数据记录

根据表5-1记录实验数据。

表5-1　实验记录表

样品名称	性状	产量/g	得率/%
葡萄皮色素			
果胶			
酒石酸			

七、注意事项

1. 乙醇的浓度和用量对色素提取至关重要。
2. 盐酸的浓度和用量对果胶和酒石酸的提取至关重要。一般而言，盐酸浓度较大时，果胶得率高，但酒石酸得率低。

八、 思考题

1. 色素提取的原理是什么？
2. 酒石酸提取中加入 $CaCO_3$ 的目的是什么？
3. 为什么盐酸浓度较大时，果胶得率高，而酒石酸得率低？

实验 39　褐煤中腐殖酸含量测定及磺化腐殖酸钠的制备

一、 实验目的

1. 了解腐殖酸钠的提取方法。
2. 掌握容量法测定总腐殖酸含量的方法。
3. 掌握磺化腐殖酸钠的制备方法。

二、 产品特性与用途

　　腐殖酸是动植物遗骸，主要是植物的遗骸，经过微生物的分解和转化，以及一系列复杂过程形成和积累起来的一类有机物质。腐殖酸大分子的基本结构是芳环和脂环，环上连有羧基、羟基、羰基、醌基、甲氧基等官能团。广泛应用于农、林、牧、石油、化工、建材、医药卫生、环保等各个领域。

　　目前，最有开发利用价值的腐殖酸资源是一些低热值的煤炭，诸如泥炭、褐煤和风化煤。在它们之中，腐殖酸含量达 $10\%\sim80\%$。磺化腐殖酸钠（sulfonated sodium humate，SHNa）是棕黑色颗粒或粉末，易溶于水。将泥炭、褐煤、风化煤中的腐殖酸磺化改性，改性后的磺化腐殖酸钠由于在腐殖酸的结构中引入磺酸基团，提高了其水溶性和金属离子的交换能力，应用十分广泛，可以用作混凝土减水剂、陶瓷添加剂、石油钻井液助剂及金属离子吸附剂等。

三、 实验原理

　　泥炭、褐煤、风化煤中所含的腐殖酸是复杂的天然大分子化合物的混合物，其分子量分布较宽。在它们之中，腐殖酸含量达 $10\%\sim80\%$。

　　腐殖酸钠中的碳于强酸条件下在过量的重铬酸钾作用下被氧化成二氧化碳。根据重铬酸钾的消耗量和腐殖酸含碳比可计算出腐殖酸的含量。反应的化学方程式如下：

$$R(COOH)_4 + 4NaOH \longrightarrow R(COONa)_4 + 4H_2O$$
$$2K_2Cr_2O_7 + 8H_2SO_4 + 3C \longrightarrow 2K_2SO_4 + 2Cr_2(SO_4)_3 + 8H_2O + 3CO_2$$

以邻菲罗啉作指示剂，用硫酸亚铁（或硫酸亚铁铵）标准溶液滴定溶液中过量的重铬酸钾，根据所消耗的硫酸亚铁的量求出腐殖酸的含量。反应方程式如下：

$$K_2Cr_2O_7 + 7H_2SO_4 + 6FeSO_4 \longrightarrow K_2SO_4 + Cr_2(SO_4)_3 + 7H_2O + 3Fe_2(SO_4)_3$$

磺化腐殖酸钠的制备分两步进行：第一步是用氢氧化钠水溶液抽提原料中的腐殖酸；第二步是将抽提液腐殖酸钠（NaHm）在一定条件下磺化，制得磺化腐殖酸钠。本实验以褐煤为原料、氢氧化钠为抽提剂、亚硫酸钠为磺化剂。

其磺化机理目前还有争议，可能有下列两种。

(1) 在醌基上进行 1,4-加成

(2) 连接芳环上的亚甲基桥被亚硫酸钠断开

四、 主要仪器与试剂

托盘天平、分析天平、锥形瓶、容量瓶、长颈漏斗、移液管、滴定管、水浴锅、三口烧瓶、烧杯、电动搅拌器、回流冷凝管、温度计、蒸发皿、干燥箱、量筒、吸滤瓶、布氏漏斗、真空水泵、电炉、研钵。

重铬酸钾、硫酸亚铁、硫酸亚铁铵、浓硫酸、邻菲罗啉、氢氧化钠、亚硫酸钠、褐煤、蒸馏水。

五、 实验内容

1. 腐殖酸钠的抽提

向三口烧瓶中加入 150mL 蒸馏水和 2g 氢氧化钠，加热，当温度升至 40℃ 时搅拌。加入 40g 褐煤，升温至 90℃，抽提 40min。冷却后将反应物倒入 200mL 量筒中沉降 8h，倾出溶液，抽滤，沉淀用 200mL 水洗两次，合并滤液和溶液于烧杯中，放到电炉上缓慢加热浓缩，使溶液中的固形物含量达到 50%，固体主要为 NaHm。

2. 腐殖酸含量测定

用分析天平准确称取腐殖酸钠 1.0000g，于烧杯中溶解后移入 100mL 容量瓶中定容。用移液管移取 10mL 腐殖酸钠溶液于锥形瓶中，再用滴定管加入 5mL 0.4mol/L 重铬酸钾溶液和 15mL 浓硫酸，摇匀后立即加入沸水浴中氧化 30min。取出锥形瓶后约加 30mL 蒸馏水，待冷却至室温后，加 2 滴邻菲罗啉指示剂，用 0.1mol/L 硫酸亚铁铵标准溶液滴定，溶液由橙红色变为绿色再变为砖红色即为滴定终点。将 10mL 腐殖酸钠溶液换成 10mL 蒸馏水做空白实验，平行测定两次。

$$w(\text{HA}) = \frac{(V_0 - V) \times c \times 12 \times 10^{-3}}{mC} \times \frac{a}{b} \times 100\%$$

式中，V_0 为空白样滴定时所消耗的硫酸亚铁铵溶液的体积，mL；V 为样品滴定时所消耗的硫酸亚铁铵溶液的体积，mL；c 为硫酸亚铁铵的物质的量浓度，mol/L；m 为样品质量，g；C 为由碳换算成腐殖酸的换算系数（风化煤为 0.62，泥炭为 0.55，褐煤为 0.59）；a 为待测溶液的总体积，mL；b 为测定时吸取溶液的体积，mL。

3. 磺化

将 NaHm 溶液和亚硫酸钠加入三口烧瓶中（亚硫酸钠与 NaHm 质量比为 1:2）。加热沸腾，回流 2h。将溶液倒入烧杯中加热浓缩至黏稠状，转至蒸发皿中，在 90℃ 干燥箱中烘干，研碎，用 40 目筛筛分得成品，称重，计算产率。

六、 数据记录

根据表 5-2 记录实验数据。

表 5-2 实验记录表

样品名称	性状	腐殖酸含量	产量/g	产率/%
磺化腐殖酸				

七、 注意事项

1. 腐殖酸含量测定过程中应严格控制抽提和氧化条件。
2. 硫酸亚铁铵易氧化，使用前应标定。
3. 腐殖酸钠磺化浓缩时要注意搅拌，防止溶液溅出。
4. 加热浓缩前要测定含量，一般是用波美计测量。

八、 思考题

1. 腐殖酸含碳比的意义是什么？计算腐殖酸钠中腐殖酸的含量。
2. 固形物含量达不到 50% 可否加入亚硫酸钠？为什么要确定固形物含量？
3. 怎样定性地判断磺化效果？
4. 亚硫酸钠为什么按 NaHm 质量的 1/2 加入？

实验 40 油脂酸值、碘值、皂化值的测定

一、 实验目的

1. 掌握油脂"三值"的测定方法及原理。
2. 了解油脂"三值"的概念、应用和意义。

二、 产品特性与用途

酸值、碘值、皂化值是评定油类、脂肪质量、属性的三个主要指标。酸值是中和1g 油脂中的游离脂肪酸所需氢氧化钾的质量（以 mg 计）。此值反映游离脂肪酸的含量。酸值高说明游离脂肪酸多，油的品质差。碘值是100g 油脂所吸收的碘的质量（以 g 计）。碘值反映油脂的不饱和程度，碘值在 180～190 的叫干性油，在 100～120 的叫半干性油，小于 100～120 的叫不干性油，食用油是不干性油。皂化值即 1g 油脂完全皂化所需氢氧化钾的质量（以 mg 计）。此值反映油脂的平均分子量，较高的皂化值说明油脂中含有较多的低级脂肪酸。

三、 实验原理

皂化反应如下

$$
\begin{array}{c}
CH_2OCOR \\
CHOCOR' \\
CH_2OCOR''
\end{array}
+ 3NaOH \longrightarrow
\begin{array}{c}
CH_2OH \\
CHOH \\
CH_2OH
\end{array}
+
\begin{array}{c}
NaO{-}COR \\
NaO{-}COR' \\
NaO{-}COR''
\end{array}
$$

测定碘值的方法为韦氏法，反应过程如下

$$
R{-}HC{=\!\!=}CH{-}R + ICl \longrightarrow R{-}HC{-}CH{-}R
$$

剩余的 ICl 与 KI 作用放出 I_2，即

$$
ICl + KI \Longrightarrow KCl + I_2
$$

$$
I_2 + 2Na_2S_2O_3 \Longrightarrow 2NaI + Na_2S_4O_6
$$

一氯化碘-冰醋酸溶液加得过量，然后用碘量法以硫代硫酸钠溶液来滴定过量的部分。

测量皂化值时，是在含有一定量的油脂溶液中，加入过量的氢氧化钾-乙醇溶液，加热充分皂化后，再用标准酸溶液反滴定，由所得结果统计计算即可得到。

四、 主要仪器与试剂

锥形瓶、滴定管、天平、冷凝管、水浴锅、碘量瓶、移液管等。

油脂样品、氢氧化钠标准溶液、酚酞指示剂、乙醇-二甲苯混合溶液、硫代硫酸钠标准溶液、三氯甲烷淀粉、碘化钾、冰醋酸、蒸馏水、氢氧化钾-乙醇溶液、盐酸标准溶液等。

五、 实验内容

1. 酸值的测定

取两份 3～5g 油脂样品分别加入两只锥形瓶中，每瓶中加 50mL 乙醇-二甲苯混合

溶液，摇匀，每瓶中再加入 3 滴酚酞指示剂，用氢氧化钾标准溶液滴定至粉红色，按下列公式计算油脂的酸值。

$$酸值 = \frac{Vc \times 56}{m}$$

式中，V 为消耗 KOH 标准溶液的体积，mL；c 为 KOH 标准溶液的物质的量浓度，mol/L；m 为试样质量，g；56 为 KOH 分子量。

2. 碘值的测定

标准称取两份样品，分别加入两个碘量瓶中，加入三氯甲烷使样品溶解，并用移液管量取 20mL 碘化钾-冰醋酸溶液，立即盖上盖子。摇匀后，静置 1h，然后在碘量瓶中加入 20mL 碘化钾溶液、100mL 蒸馏水，用 0.1mol/L 的硫代硫酸钠标准溶液滴定至红色临近消失时，加入 3mL 的淀粉溶液，继续滴定到无色为终点。在相同条件下做空白实验，按下列公式计算油脂的碘值。

$$碘值 = \frac{(V_1 - V_2)\ c \times 12.69}{m}$$

式中，V_1 为滴定试样用去的 $Na_2S_2O_3$ 标准溶液体积，mL；V_2 为空白实验用去的 $Na_2S_2O_3$ 标准溶液体积，mL；c 为 $Na_2S_2O_3$ 标准溶液的物质的量浓度，mol/L；m 为试样质量，g；12.69 为换算成相对于 100g 试样的碘的物质的量。

3. 皂化值的测定

将 25mL 的氢氧化钾-乙醇溶液加热至沸腾，保持 1h，加酚酞指示剂 3 滴，稍冷后用盐酸标准溶液滴定至无色。在相同条件下做空白实验，按下列公式计算油脂的皂化值。

$$皂化值 = \frac{(V_1 - V_2)\ c_{HCl} \times 56}{m}$$

式中，V_1 为试样消耗的盐酸标准溶液体积，mL；V_2 为空白实验用去的盐酸标准溶液体积，mL；c_{HCl} 为盐酸标准溶液的浓度，mol/L；m 为试样质量，g；56 为 KOH 分子量。

六、 数据记录

根据表 5-3 记录实验数据。

表 5-3　实验记录表

样品名称	性状	酸值	碘值	皂化值
油脂				

七、 注意事项

1. 试剂按要求取用，标定时不要造成浪费。
2. 乙醇易燃、易挥发，不要接近明火。

3. 如油脂不溶解，可于水浴上摇动加热，瓶口加冷凝管回流，以防乙醇-二甲苯蒸发。

4. 除指示剂外，每种物质均需精确量取或称取。

八、思考题

1. 影响皂化反应速率的因素有哪些？
2. 用皂化反应测定脂时，哪些化合物有干扰？

第六章
虚拟仿真实验

实验 41　双黄连颗粒制备

一、软件启动

双击桌面快捷方式，启动软件后，出现仿真软件加载页面，进入基础化学仿真实验室界面，选择"演示"或者"操作"，点击开始实验。

二、功能介绍

1. 演示模式

左侧图标：依次为实验目的、实验原理、材料用品、实验报告、注意事项、返回。其中，材料用品主要以小图标形式呈现实验所需主要试剂、仪器；实验报告为外部配置文件，点击该图标即可打开，可对实验报告进行更改并将其保存在任意位置；返回可重新选择"演示"或"操作"。

进度条：点击后可进行上一步或下一步操作，拉动进度条可以选择任意一步骤操作。

2. 操作模式

角度控制：W——前，S——后，A——左，D——右，鼠标右键——视角旋转。

速度控制：Ctrl+PgUp 加快动画速度，Ctrl+PgDn 减慢动画速度。

鼠标中键滑动可拉近、拉远镜头。

鼠标中键单击特定实验物品，左键可 360°观看。鼠标中键单击（不松开），可上下调整视角。

3. 实验操作（演示模式）

打开软件，进入演示模式。

根据界面下方的步骤提示，点击上一步或者下一步图标（◀■▶），自动进行实验。

另外，拉动进度条到任一步（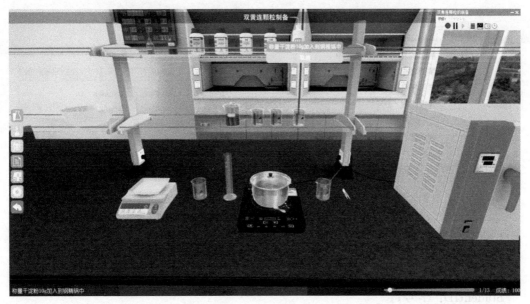1/10），可演示任一步的实验操作。

4. 实验操作（操作模式）

（1）右键淀粉试剂瓶"称量干淀粉 10g 加入到钢精锅中"；

（2）右键纯化水试剂瓶"钢精锅中加入纯化水制备 10％淀粉浆"；

（3）右键双黄连提取物试剂瓶"称取 20g 干膏粉（双黄连提取物）加入到瓷盆中"；

（4）右键可溶性淀粉试剂瓶"称量 8g 可溶性淀粉加入到瓷盆中"；

（5）右键糊精试剂瓶"称量 8g 糊精加入到瓷盆中"；

（6）右键羧甲淀粉钠试剂瓶"称量 8g 羧甲基纤维素加入到瓷盆中"；

（7）右键乙醇试剂瓶"显色反应中加入硝酸银检测氯离子"；

（8）右键淀粉浆烧杯"淀粉浆加入到瓷盆中制备软材"；

（9）右键盛放软材的瓷盆"摇摆式制粒机将软材制备成颗粒"；

（10）右键鼓风干燥箱"鼓风干燥箱中烘干制备的颗粒"；

（11）右键瓷盘"称量 5g 颗粒并加入热水溶解"；

（12）右键颗粒溶解后的烧杯"澄明度仪下测试药液的澄清度"；

（13）右键颗粒溶解后的烧杯"实验结束，整理实验台，记录数据"。

三、 仿真画面

样品加入及颗粒制备见图 6-1 及图 6-2。

图 6-1　样品加入

图 6-2　颗粒制备

四、 软件运行注意事项

修改学生机的站号、教师站 IP 等信息。

鼠标右键点击屏幕右下角托盘区图标，在弹出菜单中选择"显示主界面"，如图 6-3 所示。在该界面中可修改教师站 IP 和本机站号，如图 6-4 所示。

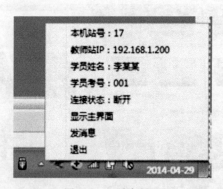

图 6-3　显示主界面

图 6-4　修改信息

也可在注册表中修改上述信息，操作界面如图 6-5 所示。

图 6-5 中：

StationNo：本机站号；

StudentID：学号；

StudentName：学员姓名；

TeacherIP：教师站 IP。

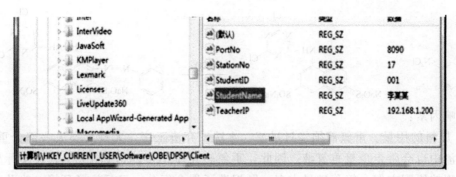

图 6-5　操作界面

实验 42　重氮化和偶合反应

一、　工艺流程简介

1. 工艺原理

苯胺和亚硝酸作用（在强酸介质下）生成重氮盐的反应称为重氮化（一般在低温下进行）。苯胺常称为重氮组分，亚硝酸为重氮化剂。因为亚硝酸不稳定，通常使用亚硝酸钠和盐酸或硫酸使反应时生成的亚硝酸立即与苯胺反应，避免亚硝酸的分解，重氮化反应后生成重氮盐。反应方程式如下：

$$\text{苯胺}\ (NH_2) + NaNO_2 + 2HCl \xrightarrow{0\sim4\text{℃}} \text{重氮盐}\ (N=NCl) + NaCl + 2H_2O$$

影响因素：

① 盐酸用量。盐酸过量增加重氮化合物的稳定性，因为重氮盐在中性或碱性介质中容易与被重氮的芳胺起作用生成重氮氨基化合物或偶氮化合物，从而影响染料的质量和收率。

② 亚硝酸钠用量。重氮化反应中亚硝酸钠的用量，一般只要稍微超过理论用量即可，反应终了时保证重氮化反应中有少许过量的亚硝酸存在。否则即使在瞬间缺少亚硝酸也会产生重氮氨基化合物的副产物。最佳摩尔比为 1：1.05。

③ 重氮化温度。重氮化反应通常在水介质中进行，是放热反应，重氮化合物只有在低温下才比较稳定。温度低反应速率慢；温度高反应速率快，但易生成重氮氨基化合物。故重氮化温度控制在 0～4℃效果最佳。

④ 重氮化时间。对于一般氨基化合物来说重氮化时间很短，重氮转化率接近 100%。

重氮盐与酚类或胺类在弱碱性溶液中进行反应，生成偶氮化合物称为偶合反应。反应方程式如下：

影响因素：

① 原料的用量。重氮液须经过过滤、水洗、弃渣工序，无疑会损失一部分重氮液，同时滤渣中也会带走少量重氮液，因此，重氮转化率不可能达到 100%。在实际生产中也会发现按原配方偶合组分过量太多，既浪费了偶合组分，又污染了环境。为此必须调整原料配比，适宜的配比为 $1:1.1$。

② 偶合温度和加料时间。偶合温度低，反应速率慢；偶合温度高，反应速率快，但副反应也相对增加，收率低。偶合温度应控制在 $0\sim2\,℃$。重氮液加料应先慢后快，加料时间为 $10\sim15\mathrm{min}$。

③ 偶合反应的 pH 值。加料结束后，pH 值控制在 $6.8\sim7$。pH 值高反应速率快，但加重氮液容易起泡沫，副反应增加，偶合完升温时起泡沫沸锅，同时不好压滤，不好水洗；pH 偏低反应速率慢，收率高，但是染料色光偏暗。故 pH 值控制在 $6.8\sim7$ 为好。

④ 盐效应。反应介质中电介质对反应速率的影响称为盐效应。若 A、B 二离子反应时，加入的电介质浓度为 C。在溶液中电介质解离成离子的正负电荷数为 Z，则 A、B 二离子反应速率常数和加入电介质浓度之间的关系为

$$\log K = \log K_0 + 1.02 Z_A Z_B I^{0.5}$$

式中，K_0 为电介质浓度为零时的反应速率常数；K 为电介质浓度为 C 时的反应速率常数；I 为电介质离子强度；Z_A、Z_B 为离子 A、B 所带的电荷。

偶合反应是重氮盐和偶合组分离子间发生的反应，偶合时加入电介质，它对反应速率的影响视重氮盐和偶合组分所带的电荷而定。在食盐存在下进行偶合，若重氮盐及偶合组分所带电荷相同，则能加速偶合。食盐的存在一般对重氮盐的分解速度影响不大。偶合时间因速度增加而减少，重氮盐的分解反应则随反应时间的减少而被抑制，这对工业生产是有利的。

⑤ 重氮盐溶液中杂质的清除。重氮化反应中过量的亚硝酸对下一步偶合反应不利，可以加入尿素进行破坏。

2. 工艺介绍

在重氮化锅中，按计量加入水和盐酸，开启搅拌器，在搅拌下加入苯胺，夹套内通冷却盐水降温至 $0\sim4\,℃$ 左右，加入适量亚硝酸钠溶液进行重氮化反应，维持此温度，搅拌至反应结束。

将缩合物加入偶合釜中，开启搅拌器，夹套内通冷冻盐水降温至 $0\sim2\,℃$，加入苯胺的重氮化盐溶液，同时加入纯碱溶液以加速偶合反应，至偶合反应完全时 pH 值为 $6.8\sim7$。

偶合釜内反应完毕，向其中加入适量的食盐、尿素进行盐析。

二、 工艺卡片

1. 主要设备
主要设备见表 6-1。

表 6-1   主要设备

序号	位号	名称
1	R-101	重氮化釜
2	R-102	偶合釜
3	P-101	离心泵

2. 仪表列表
仪表列表见表 6-2。

表 6-2   仪表列表

序号	位号	正常值	单位	描述
1	FIC101	2000	kg/h	亚硝酸钠溶液进料流量控制
2	FIC102	1000	kg/h	碳酸钠溶液进料流量控制
3	TIC101	0~4	℃	R-101 重氮化釜内温度控制
4	TIC102	0~2	℃	R-102 偶合釜内温度控制
5	FI101	285	kg	盐酸溶液添加量
6	FI102	100	kg	苯胺添加量
7	FI103	338	kg	亚硝酸钠溶液添加量
8	FI104	65	kg	尿素添加量
9	FI105	50	kg	氯化钠添加量
10	FI106	284	kg	碳酸钠溶液添加量
11	FI107	556	kg	缩合物添加量
12	LI101	80	%	R-101 重氮化釜液位显示值
13	LI102	80	%	R-102 偶合釜液位显示值

FIC101、FIC102 是简单的流量控制，TIC101、TIC102 是简单的温度控制。

三、 仿真软件操作过程

1. 冷态开车
重氮化反应阶段：

① 在 DCS 图界面，在"R-101 添加量"界面中，设定盐酸加入量为 285kg；

② 在 DCS 图界面，在"R-101 添加量"界面中，设定苯胺加入量为 100kg；

③ 在 DCS 图界面，在"R-101 添加量"界面中，设定亚硝酸钠溶液加入量为 338kg；

④ 在 DCS 图界面，在"R-101 添加量"界面中设定结束后，点击"添加"按钮；

⑤ 在现场图界面，打开盐酸进料阀门 V01R101；

⑥ 盐酸进料结束后，在 DCS 图界面，点击 R-101 反应器的"搅拌"按钮；

⑦ 在现场图界面，打开苯胺进料阀门 V02R101；

⑧ 在现场图界面，打开冷冻盐水四组阀前阀 TV101I；

⑨ 在现场图界面，打开冷冻盐水四组阀后阀 TV101O；

⑩ 在 DCS 图界面，调节冷冻盐水四组阀控制阀 TV101 的开度，控制 R-101 内温度在 0～4℃之间；

⑪ TIC101 温度稳定后，投自动控制；

⑫ 在 DCS 图界面，调节 FV101 的开度，亚硝酸溶液流量是 2000kg/h；

⑬ 进料结束后，当苯胺含量显示为 0 后，则反应结束，TIC101 投手动；

⑭ 在 DCS 图界面，点击 R-101 反应器搅拌的"停止"按钮；

⑮ 关闭 TV101，停冷冻盐水进料。

偶合反应阶段：

① 在 DCS 图界面，在"R-102 添加量"界面中，设定缩合物加入量为 556kg；

② 在 DCS 图界面，在"R-102 添加量"界面中，设定尿素加入量为 65kg；

③ 在 DCS 图界面，在"R-102 添加量"界面中，设定氯化钠加入量为 50kg；

④ 在 DCS 图界面，在"R-102 添加量"界面中，设定碳酸钠加入量为 284kg；

⑤ 在 DCS 图界面，在"R-102 添加量"界面中设定结束后，点击"添加"按钮；

⑥ 在现场图界面，打开缩合物进料阀门 V03R102；

⑦ 缩合物进料结束后，在 DCS 图界面，点击 R-102 反应器的"搅拌"按钮；

⑧ 在现场图界面，打开冷冻盐水四组阀前阀 TV102I；

⑨ 在现场图界面，打开冷冻盐水四组阀后阀 TV102O；

⑩ 在 DCS 图界面，调节冷冻盐水四组阀控制阀 TV102 的开度控制 R-102 内温度在 0～2℃之间；

⑪ TIC102 温度稳定后，投自动控制；

⑫ 在现场图界面，当重氮化反应结束后，缓慢打开 R101 出料阀门 V03R101，并保持 pH 显示为碱性；

⑬ 在 DCS 图界面，调节 FV102 的开度，控制碳酸钠溶液流量 1000kg/h；

⑭ 在现场图界面，点击 V01R102 向 R102 中添加定量尿素；

⑮ 在现场图界面，点击 V02R102 向 R102 中添加定量氯化钠；

⑯ 苯胺重氮盐的含量显示为 0 后，TIC102 投手动；

⑰ 反应结束后，关闭 TV102，停止通冷冻盐水；

⑱ 在 DCS 图界面，点击 R-102 反应器搅拌的"停止"按钮；

⑲ 在现场图界面，点击 P-101 离心泵的入口阀 V01P101；

⑳ 在现场图界面，启动 P-101 离心泵；

㉑ 在现场图界面，点击 P-101 离心泵的出口阀 V01P101；

㉒ 出料结束后（R-102 无液位），关闭泵 P-101 出口阀；

㉓ 在现场图界面，停 P-101 离心泵；

㉔ 出料结束后，关闭泵 P-101 入口阀。

2. 开车过程中碳酸钠中断事故

事故现象：FIC102 显示值为 0，FI107 积累量无变化。

事故处理：

① 关闭重氮化釜出料阀 V03R101；

② 碳酸钠溶液进料控制阀 FIC102 投手动；

③ 关闭碳酸钠溶液进料控制阀 FIC102；

④ 当偶合釜内苯胺重氮盐的含量为 0 时，TIC102 投手动；

⑤ 关 TIC102 冷冻盐水进料控制阀；

⑥ 关闭偶合釜冷冻盐水控制阀的前阀 TV102I；

⑦ 关闭偶合釜冷冻盐水控制阀的后阀 TV102O；

⑧ 点击偶合釜搅拌器"停止"按钮；

⑨ 打开离心泵 P101 入口阀 V01P101；

⑩ 启动离心泵 P101；

⑪ 打开离心泵 P101 出口阀 V02P101；

⑫ 偶合釜出料结束后，关闭离心泵 P101 出口阀 V02P101；

⑬ 停止离心泵 P101；

⑭ 关闭离心泵 P101 入口阀 V01P101；

⑮ 关闭重氮化釜冷冻盐水控制阀的前阀 TV101I；

⑯ 关闭重氮化釜冷冻盐水控制阀的后阀 TV101O；

⑰ 关闭重氮化釜盐酸进料阀 V01R101；

⑱ 关闭重氮化釜苯胺进料阀 V02R101；

⑲ 关闭偶合釜缩合物进料阀 V03R102；

⑳ 点击重氮化釜搅拌器"停止"按钮；

㉑ 亚硝酸钠溶液进料控制阀 FIC101 投手动；

㉒ 关闭阀门 FV101。

四、 仿真画面

重氮化和偶合现场图、DCS 图见图 6-6、图 6-7。

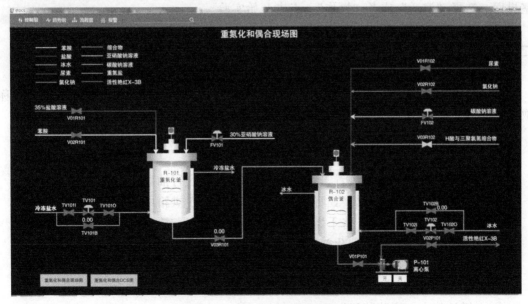

图 6-6　重氮化和偶合现场图

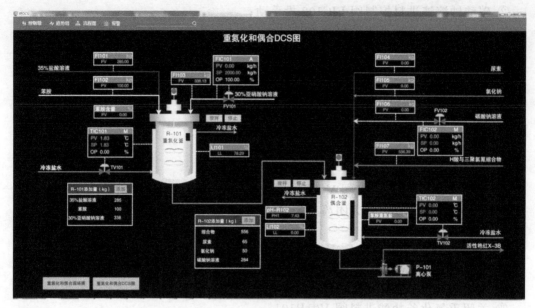

图 6-7　重氮化和偶合 DCS 图

实验 43　固体酸催化剂的制备、表征及其在酯合成中的应用

一、　软件启动

双击桌面快捷方式，启动软件后，出现仿真软件加载页面，进入基础化学仿真实验室界面，选择"演示"或者"操作"，点击开始实验。

二、　实验操作

① 打开软件，进入操作模式，根据界面下方的步骤提示，首先右键二氧化钛"称取 $2gTiO_2$"；

② 右键烧杯"配制反应液"，用硫酸溶解二氧化钛，配制反应溶液；

③ 右键烧杯"搅拌"，在磁力搅拌器上搅拌反应液；

④ 右键水泵"组装抽滤装置"，将反应后的混合物进行抽滤；

⑤ 右键表面皿"产品干燥"，将抽滤得到的固体置于烘箱中干燥；

⑥ 右键马弗炉"焙烧"，将干燥后的固体转移到坩埚，放入马弗炉中焙烧；

⑦ 右键催化剂瓶"称取催化剂"；

⑧ 右键乙酸瓶"量取乙酸"，并转移进圆底烧瓶；

⑨ 右键正丁醇瓶"量取正丁醇"，并转移进圆底烧瓶；

⑩ 右键铁架台"安装装置"；

⑪ 右键水龙头"打开"，开启冷凝水，并打开加热套，开始反应；

⑫ 右键加热套"关闭"，终止反应；

⑬ 右键铁架台"拆卸装置"；

⑭ 右键铁架台"组装装置"，组装分液装置，并用碳酸钠洗涤；

⑮ 右键分液漏斗"分液"，分去下层水相；

⑯ 右键分液漏斗"氯化钠洗涤"；

⑰ 右键分液漏斗"分液"，将有机相从上口分离出来，水相从下层摒弃；

⑱ 右键锥形瓶"产品干燥"，称取适量硫酸镁，对产品进行干燥；

⑲ 右键铁架台"组装装置"，进行蒸馏反应；

⑳ 右键加热套"加热"，打开水龙头和加热套开始蒸馏；

㉑ 右键加热套"关闭"，蒸馏反应结束，得到催化反应产物。

实验装置见图6-8。

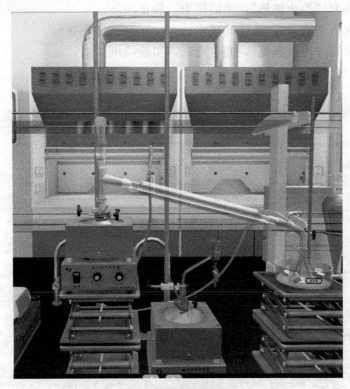

图 6-8　实验装置

实验 44　蒸馏法提取薄荷中挥发油

一、软件启动

双击桌面快捷方式，启动软件后，出现仿真软件加载页面，进入基础化学仿真实验室界面，选择"演示模式"或者"操作模式"，点击开始实验。

二、 实验操作

打开软件，进入操作模式。根据界面下方的步骤提示进行操作。

① 右键锥形瓶"蒸馏水、石油醚加入圆底烧瓶"，将蒸馏水、石油醚加入圆底烧瓶中；

② 右键圆底烧瓶"加入沸石、薄荷"，将沸石、薄荷加入圆底烧瓶中；

③ 右键圆底烧瓶"搭建蒸馏装置"，搭建蒸馏装置；

④ 右键水龙头"打开"，打开冷凝水，使冷凝管充满冷凝水；

⑤ 右键电热套"加热"，开始加热，先用锥形瓶收集前馏分；

⑥ 右键锥形瓶"收集馏分"，温度稳定，开始收集馏分；

⑦ 右键电热套"停止加热"，蒸馏结束，停止加热；

⑧ 右键水龙头"关闭"，关闭冷凝水；

⑨ 右键锥形瓶"提取完成"，提取完成，实验结束。

实验装置见图 6-9。

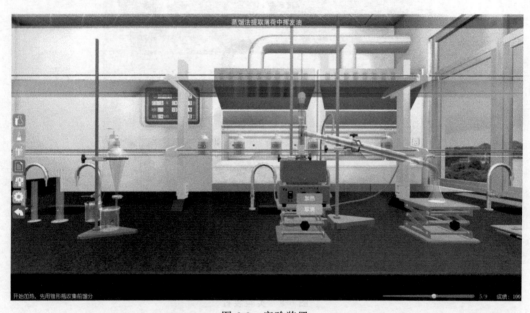

图 6-9　实验装置

实验 45　磁性石墨烯高效处理阳离子染料废水

一、 软件启动

双击桌面快捷方式，启动软件后，出现仿真软件加载页面，进入基础化学仿真实验室界面，选择"演示"或者"操作"，点击开始实验。

二、 实验操作

打开软件，进入操作模式。

鼠标右键点击相应的试剂或者仪器，出现该步骤的触发点，选择正确的触发点即可进行该步操作，选择错误该步骤不会进行，且会扣除相应的分数。

① 右键分析天平"开启"，开启分析天平；

② 右键氧化石墨烯试剂瓶"取出 0.1g"，称取 0.1g 氧化石墨烯；

③ 右键天平"药品置于三口瓶中"，将称取的药品置于三口瓶中；

④ 右键乙二醇试剂瓶"取出 50mL"，量取 50mL 乙二醇加入三口瓶中；

⑤ 右键三口瓶"置于超声波内"，将三口瓶置于超声波清洗器内；

⑥ 右键超声波"开启"，开启超声波及机械搅拌器；

⑦ 右键超声波"超声"，超声搅拌 1.5h；

⑧ 右键三氯化铁试剂瓶"取出 0.25g"，称取 0.25g 氯化铁；

⑨ 右键称量纸"药品置于三口瓶中"，将称取的氯化铁加入三口瓶内；

⑩ 右键三口瓶"转移到通风橱内"，三口瓶转移到通风橱内；

⑪ 右键通风橱内的机械搅拌器"开启"，电动搅拌器剧烈搅拌 2h；

⑫ 右键 PSSMA 试剂瓶"取出药品"，称取 0.6g PSSMA 和 0.9g NaAc；

⑬ 右键左侧称量纸"将称量完成的药品转移到对面"，将称量完成的药品转移到对面；

⑭ 右键通风橱内左侧称量纸"将药品加入到三口瓶中"，将 PSSMA 和 NaAc 加入到三口瓶内；

⑮ 右键三口瓶"继续搅拌"，三口瓶内溶液继续搅拌 0.5h；

⑯ 右键三口瓶"取出溶液"，溶液转移至 100mL 溶剂热反应釜内衬中；

⑰ 右键聚四氟乙烯内衬"组装"，组装溶剂热反应釜；

⑱ 右键溶剂热反应釜"高温反应"，将溶剂热反应釜置于干燥箱内进行反应；

⑲ 右键干燥箱"关闭"，反应结束，关闭干燥箱；

⑳ 右键反应釜"取出溶液"，产品转移至烧杯中；

㉑ 右键烧杯"磁分离"，烧杯内产品进行磁分离；

㉒ 右键烧杯"倒去上清液"，烧杯内产品进行磁分离；

㉓ 右键洗瓶"取去离子水"，烧杯内加入适量去离子水；

㉔ 右键烧杯"超声洗涤"，烧杯置于超声波内进行超声；

㉕ 右键烧杯"磁分离"，烧杯内溶液进行磁分离；

㉖ 右键烧杯"取出产品"，烧杯中的产品置于锥形瓶内；

㉗ 右键冷冻干燥机"冷冻干燥"，产品进行冷冻干燥；

㉘ 右键锥形瓶"取出产品"，产品置于西林瓶中；

㉙ 右键对面桌玻璃架最右侧的西林瓶"取出 10mg"，准确称取 10mgM-rGO/PSSMA 粉末材料；

㉚ 右键右侧的移液管"取亚甲基蓝于玻璃瓶内",移取 20mL 亚甲基蓝染料加入到玻璃瓶中;

㉛ 右键右侧的移液管"取碱性品红于玻璃瓶内",移取 20mL 碱性品红溶液加入到玻璃瓶中;

㉜ 右键左侧玻璃瓶"振荡",将玻璃瓶放在振荡摇床中进行振荡;

㉝ 右键水浴恒温振荡器"取出",取出振荡后的玻璃瓶进行磁分离;

㉞ 右键放置在磁铁上的左侧玻璃瓶"置于检测室中",取磁分离后的上层液转移到检测室中;

㉟ 右键移液枪"移取溶液",移液枪移取处理后的 MB 废水;

㊱ 右键最右侧离心管"稀释",MB 废水稀释 10 倍后取 3mL 置于比色皿中;

㊲ 右键右侧西林瓶 BF 废水"取出溶液",按上述步骤取处理后的 BF 废水;

㊳ 右键紫外分光光度计"测试吸光度",用紫外分光光度计测试处理后的废水吸光度;

㊴ 右键电脑"测试标准曲线",稀释染料母液并测其吸光度;

㊵ 右键电脑"计算",计算 M-rGO/PSSMA 对染料的吸附容量。

参考文献

[1] 强亮生，王慎敏. 精细化工综合实验 [M]. 7版. 哈尔滨：哈尔滨工业大学出版社，2015.

[2] 闫鹏飞，郝文辉，高婷. 精细化学品化学 [M]. 2版. 北京：化学工业出版社，2014.

[3] 杨黎明. 精细有机合成实验 [M]. 北京：中国石化出版社，2011.

[4] 谢亚杰，宗乾收，缪程平. 精细化工实验与设计 [M]. 北京：化学工业出版社，2019.

[5] 李浙齐. 精细化工实验 [M]. 北京：国防工业出版社，2009.

[6] 徐雅琴，杨玲，王春. 有机化学实验 [M]. 北京：化学工业出版社，2010.

[7] 冯亚青，王世荣，张宝. 精细有机合成 [M]. 3版. 北京：化学工业出版社，2018.

[8] 李和平. 精细化工工艺学 [M]. 3版. 北京：科学出版社，2014.

[9] 苏芳，顾明广，冯献起. 超声波辅助法提取葡萄籽中原花青素工艺的研究 [J]. 中国酿造，2015，34 (12)：
    113-116.

[10] 丁玉峰，郭书贤，张弘弛，李素萍，马艳莉. 葡萄籽中原花青素水浴提取工艺 [J]. 食品工业，2019，40 (08)：
    32-36.

[11] 王春娟，谢慧琴，王肖娟. 新疆15种植物粗提物对棉蚜的杀虫活性筛选 [J]. 石河子大学学报（自然科学版），
    2005，(05)：595-596.

[12] 王自军，周静，李文娟，闫豫君，代斌，范志金. 新疆植物源提取物杀虫活性的初步研究 [J]. 现代农药，2006，
    (05)：34-35.

[13] 薛桂蓬，宋选宗，满尔哈巴·海如拉，再娜布·吐合达洪，王新春，杨伟俊. 星点设计-响应面法优化维药刺山柑果
    生物碱提取工艺 [J]. 中国药房，2015，26 (01)：96-98.

[14] 蔡睿. 四种植物染发色素的光稳定性及安全性研究 [D]. 北京：北京工商大学，2018.

[15] 车丽辉，秦磊，殷廷，杨祺福，孙超，宋爽. 海娜色素的提取工艺及稳定性 [J]. 大连工业大学学报，2015，34
    (02)：104-107.

[16] 赵丽华，罗靖. 正交法优化核桃青皮色素微波辅助提取工艺 [J]. 食品工业，2019，40 (06)：148-152.

[17] 肖培，杜海娟，欧康康，郑一帆，周美玲，岳孟源，汪青. 核桃青皮色素的提取及其在真丝上的染色 [J]. 中原
    工学院学报，2019，30 (02)：6-11.